how to

如何不切实际地
解决实际问题

randall munroe

Absurd Scientific
Advice for
Common Real-World Problems

再普通的任务都有一个荒诞
却符合科学原理的解决方案

〔美〕**兰道尔·门罗**————著

Ent————译

天津出版传媒集团

天津科学技术出版社

著作权合同登记号：图字 02-2019-428

How To: Absurd Scientific Advice For Common Real-World Problems by Randall Munroe
Copyright © 2019 by xkcd inc.

图书在版编目（CIP）数据

　　如何不切实际地解决实际问题 / (美) 兰道尔·门罗
著；张博然译. -- 天津：天津科学技术出版社，
2020.4（2025.5重印）
　　书名原文：HOW TO
　　ISBN 978-7-5576-7460-1

　　Ⅰ.①如… Ⅱ.①兰… ②张… Ⅲ.①科学知识－普
及读物 Ⅳ.①Z228

中国版本图书馆CIP数据核字(2020)第042451号

如何不切实际地解决实际问题
RUHE BUQIESHIJI DE JIEJUE SHIJI WENTI

选题策划：联合天际
责任编辑：布亚楠　　胡艳杰

出　　版：天津出版传媒集团
　　　　　天津科学技术出版社
地　　址：天津市西康路35号
邮　　编：300051
电　　话：（022）23332695
网　　址：www.tjkjcbs.com.cn
发　　行：未读（天津）文化传媒有限公司
印　　刷：大厂回族自治县德诚印务有限公司

开本 710 × 850　　1/16　　印张 21.75　　字数 180 000
2025年5月第1版第22次印刷
定价：48.00元

关注未读好书

客服咨询

目录

免责声明

　　不要在家中尝试书里提到的任何东西。本书作者是一位互联网漫画家，并非健康和安全领域的专业人士。他喜欢把东西点燃或者引爆，这说明他没有为你的人身安全着想。出版方和作者不会为本书所含内容直接或间接导致的任何后果负责任。

前言

你好！这是一本专出馊主意的书。

至少，大部分都是馊主意，也有可能不小心会掺了几个好的。如果是这样，我表示歉意。

有些听起来很荒谬的主意，最后却被人发现是一场革命。在被感染的伤口上抹霉菌听起来太不靠谱了，可是青霉素的发现证明这样做可以成为奇迹疗法。不过，世界上有很多令人恶心的东西，你当然可以把它们抹在伤口上，但绝大部分霉菌都不会缓解伤情。不是所有荒谬的主意都是好主意。那么，怎么区分好主意和馊主意呢？

我们可以试试，看看结果如何。但有时候，我们可以用数学、研究成果，还有我们已知的事实，来推断如果我们真的去做了，将会有什么结果。

当NASA（美国国家航空航天局）打算把一辆汽车般大小的"好奇号"探测器送上火星的时候，他们得先想办法让它轻轻地降落在火星表面。在此之前，火星车使用的是降落伞和气囊，所以NASA工程师也考虑过让"好奇号"用老办法。可是"好奇号"太大，也太重了，降落伞在火星稀薄的大气层里无法足够慢下来。他们也考虑过在火星车上加装火箭，让它悬浮着轻轻降落。可是火箭喷出的废气会在地面产生尘埃云，把地表遮住，这样"好奇号"就很难安全着陆了。

最后，他们想出了一个点子叫"天空起重机"：造一台载具，依靠火箭高高悬浮在空中，然后用一根长绳子把"好奇号"慢慢降到地表。这听起来是个很荒谬的主意，可是他们想到的其他主意更糟糕。他们越是琢磨"天空起重机"，越觉得这个主意靠谱。所以他们真的这么做了，并且成功了。

我们降生到人世时，都不知道如何去行事。如果我们要做什么事情，运气好的话，就能找到别人来教。但有时候，我们必须自己动脑筋。所以，我们要想出主意，然后判断它们到底可不可行。

　　这本书探究的都是寻常问题的不寻常答案，以及如果你真去试了，可能会发生什么。搞清楚这些办法可不可行，是一件很好玩也很长知识的事情，有时候还能给你带来惊喜。某一个主意可能很糟糕，但搞明白它为什么这么糟糕，也能学到好多东西，说不定还能帮你想出更好的办法。

　　就算你已经知道了做这些事情的正确方法，站在那些还不知道的人的立场上，设身处地地想一想，也是很有用的。毕竟，哪怕一件事情对成人来说是"常识"，仅在美国，每天也有超过 10 000 人是头一回听说的。

　　正因如此，如果有人承认自己不知道某件事，或者从未学会做某件事，我不会嘲笑他们。如果你嘲笑了他们，唯一的后果就是让他们意识到，自己学会什么东西都不要告诉你。那你就会错过好多好玩的事情了。

　　这本书可能没法教你如何扔球、如何滑雪，或者如何搬家，但我希望你能从中学到些什么。如果是这样，你就是今天的 10 000 个幸运儿之一。

01 如何跳得很高

人类跳不了太高。

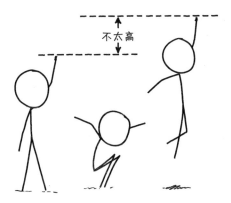

篮球运动员能纵身一跃，摸到空中的篮筐，这主要还是因为他们个子高。平均而言，一位职业篮球运动员只能向上跳出六七十厘米，普通人一般跳30厘米高。要想跳得更高，你得借助其他东西。

起跳前助跑很有用。跳高运动员就是这么干的，目前的世界纪录差不多是2.4米。但是，这个数字是从地面算起的。因为跳高运动员的个子通常很高，他们的重心已经离地快1米了，而且他们跨过栏杆的时候会让身体向后弓，所以重心实际上是从栏杆下面通过的。跳出2.4米的高度，并不需要他们真的把重心抬高2.4米。

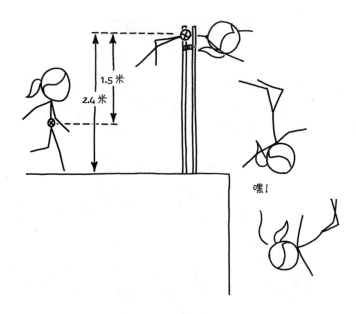

要想打败跳高运动员，有两种方案：

1. 从小就参加体育训练，直到你成为全世界跳高冠军。

2. 作弊。

第一种方案无疑令人钦佩，但如果你选择了它，那你就不该读这本书了。让我们来聊聊第二种方案。

在跳高时作弊的办法可多了。你可以搬个梯子来越过横杆，但那恐怕算不上是"跳"。你可以穿极限运动爱好者喜欢的弹簧高跷[1]，要是你体格健壮的话，说不定它能帮你打败不借助道具的跳高运动员。但要论纯粹的垂直高度，运动员其实早就想出了更好的招数：撑竿跳。

---

[1]   "90后"的孩子们不妨试试尼克频道®月亮鞋®™。

撑竿跳简介

在撑竿跳的时候，运动员先跑起来，把一根有弹性的杆子插进身前的地里，然后把自己弹上天。靠着杆子，撑竿跳运动员跳出的高度可以增加好几倍。

撑竿跳运用的物理学原理很好玩，跳出的高度其实和杆子的关系远没你想象的那么大。关键不是杆子的弹性有多好，而是运动员跑得有多快。杆子只不过是一个把速度从向前变成向上的好工具。从理论上讲，运动员完全可以用别的办法来改变方向。比如，他们可以不用杆子，而是跳到滑板上，沿着平滑的弯曲斜坡向上，也能跳到几乎相同的高度。

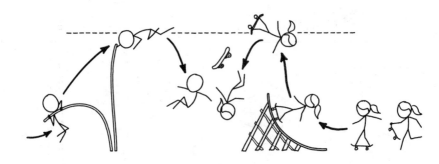

我们可以用简单的物理学来估算撑竿跳运动员的极限高度。短跑冠军可以用10秒钟跑100米。如果一个物体在地球引力下以这个速度被送上天，一点点数学知识就能告诉我们它会飞多高：

$$高度 = \frac{速度^2}{2 \times 重力加速度} = \frac{\left(\frac{100m}{10s}\right)^2}{2 \times 9.805 \frac{m}{s^2}} = 5.10m$$

因为撑竿跳运动员是先跑后起跳，所以他们的重心起点已经在地面以上了，这个高度会加在跳高的最终结果里。正常成年人的重心差不多在肚子的位置，通常占身高的55%左右。男子撑竿跳世界冠军雷诺·拉维勒尼的身高是1.77米，所以他的重心会让成绩增加约0.97米，预测出的最终结果就是6.07米。

我们的预测符合实际吗？真正的世界纪录是6.16米。迅速估算能达到这个精确度，很棒了[2]！

[2]　关于撑竿跳纪录，物理学中还有另一条有趣的冷知识。地球重力在不同的地方是不一样的，既有地球形状的影响，还有因为地球的旋转会把东西向外"甩"的影响。从整体来看，这些影响很小，但是两个地点之间的重力最多能差出0.7%。在平时走路时，你是感觉不到这个差异的，但是买天平的话就需要校准了，因为工厂的重力和你家的重力可能有细微差别。
不同地区重力的变化足以影响撑竿跳纪录。2004年6月，叶莲娜·伊辛巴耶娃创下了当时的女子撑竿跳纪录：4.87米。这一纪录是在英国的盖茨黑德创下的。一星期后，斯维特兰娜·费奥法诺娃跳出了4.88米，以1厘米之差打破了纪录。但是，费奥法诺娃是在希腊的伊拉克利翁跳出这个成绩的，这里的重力要弱一点。这个差异刚好可以让伊辛巴耶娃争辩说，她的纪录被打破完全是因为重力，实际上她在盖茨黑德的那一跳要更厉害。看起来伊辛巴耶娃并不想搞这么复杂的物理学争论，而是采取了更简单的办法：几周之后，她又打破了费奥法诺娃的纪录，还是在英国更强的重力下跳出来的。截至2018年，她依然是这个纪录的保持者。

当然，如果你拿着杆子出现在跳高比赛现场，肯定会被立刻取消参赛资格[3]。虽说裁判会反对，但他们多半不会阻止你，特别是如果你一边靠近他一边挥舞杆子的话。

你的跳高纪录不会被记载下来，但是没关系——你心里知道你跳了多高。

但如果你愿意更加肆无忌惮地作弊，还可以跳得比6米更高，甚至高得多。你只需要找到一个合适的地点起跳。

运动员跑步的时候会利用空气动力学。他们穿光滑紧身的衣服来减少空气阻力，从而跑得更快，跳得更高[4]。为什么不更进一步呢？

当然，拿螺旋桨或者火箭把你自己往前推是不算数的。你绝对不可能一脸严肃地管这叫"跳高"[5]。这不是跳，这是飞。但是如果你只是……"滑翔"一点点的话，谁也不能说你啥。

所有物体下落的轨迹，都会被它周围的空气运动影响。跳台滑雪选手会调节

---

[3] 至少我是这么推测的。可能从来没有人试过。

[4] 截至写作这篇文章时，还没有穿维多利亚圈环裙跳高的世界纪录。但如果有的话，肯定会低于正常的世界纪录。

[5] 我们是在作弊，但不是那种作弊。

自己的身体形状，让他们的跳跃大大受益于空气动力学。如果周围有合适的风，你也可以这样。

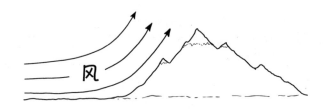

短跑者顺风奔跑的时候可以跑得更快。同样的道理，如果你在一个风往上刮的地方起跳，也能跳得更高。

要纯靠风把你推上去，得有很强的风——比你的终末速度还快。你的终末速度，就是你从天上掉下来穿过空气最终达到的速度，在这个速度上，风经过你时对你产生的推力和向下的重力抵消了。这个速度与风把你从地上刮起来所需的速度是一样的。因为一切运动都是相对的，所以你是在下落途中穿过空气，还是风在向上刮的过程中经过你，并没有区别。

人比空气重得多[6]，所以我们的终末速度很大。一个人下落的终末速度大概是200千米/时。要想靠风帮忙，你需要的向上的风速至少要和你的终末速度差不多。如果风速太慢，那就没法对你的跳高成绩产生多少影响。

鸟懂得利用温暖上升的空气柱，就像坐电梯一样。它们可以在空中转圈翱翔而无须扇动翅膀，只靠上升的空气把它们带上去。这样的热上升气流比较弱，要想推动重得多的人体，需要强得多的上升空气。

近地面那些最强的上升气流往往源自山岭附近。当风遇到山的时候，气流会被推向上方。有些地方就这样形成很大的风。

不幸的是，就算是最佳地点，向上刮的风也远远抵达不了人的终末速度。你

---

[6] 至少从物理学的角度来看没区别。对你个人而言，区别大概很大。

顶多只能靠风跳得高一点点[7]。

我们也可以不再试图增加风速，转而用空气动力学原理来降低终末速度。一件好的翼装，即在胳膊和腿之间有翼膜的衣服，可以把一个人坠落的速度从200千米/时降到50千米/时。这样还是不足以乘风往上飞，但确实足够提高你的跳高成绩了。只不过，你得穿着全套翼装起跑，这大概就会抵消你从风中获得的好处。

要想大幅提高跳高成绩，你不能停留在翼装，必须迈入降落伞和滑翔伞的世界。这些大家伙能大幅降低人的下落速度，地表的风也可以强到把人抬起来。技术熟练的滑翔者可以从地面起飞，依靠热气流和山岭风升到1千米的高空。

但是如果你想要真正的跳高纪录，那还可以更进一步。

空气流过山脉的地方会形成所谓的"山波"，它们通常只能延伸到大气层低处，这就限制了滑翔者能抵达的最大高度。但是在有些地方，当条件正合适的时候，这些大气扰动可以和极地旋涡、极夜喷流[8]相互作用，创造出能抵达同温层的空气波。

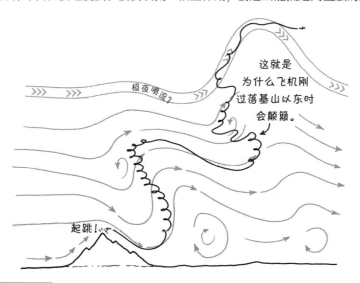

[7] 你也需要说服裁判，让比赛在悬崖边上举行。这可能有点难度。

[8] 极夜喷流是一种高空气流，每年特定的时候会出现在北极和南极。请勿与《极夜喷友》相混淆——后者是一本暖心的儿童图书，讲述了一个小孩某天晚上乘坐魔法隐形喷气轰炸机拜访圣诞老人的故事。

2006年，滑翔机驾驶员斯蒂夫·福塞特和埃纳尔·恩奈沃森乘着同温层山波抵达海拔15 000米的高空，这一高度快赶上珠穆朗玛峰的两倍了，比最高的民航飞机还高，还创下了新的滑翔纪录。福塞特和恩奈沃森说他们其实可以乘同温层山波飞得更高，不这样做只是因为气压太低，他们的抗压服都满满地鼓了起来，导致没法操作滑翔机。

如果你想跳得更高，你只需要造一件滑翔机形状的衣服，可以用玻璃纤维树脂和碳纤维，然后前往阿根廷山区。

如果你能找到合适的地点，环境条件又刚刚好，那么你可以把自己封进滑翔机衣服里[9]，跳到空中，乘着山岭上升气流，让风把你一路带到同温层。滑翔机驾

---

[9]　你要记得给你周围的滑翔机舱增压，但这不算难，对吧？只要保证玻璃纤维机舱是密封不透气的，再加一个软管以便呼吸。等你飞到几千米高，气压非常低的时候，把软管封死就行了。你可能得在上面飘一会儿，所以要把机舱造大一些，以免你被憋死。

驶员如果乘风而行，甚至可能比其他固定翼飞机的巡航高度还要高。这一跳，很了不起嘛[10]！

如果你运气特别好的话，甚至有可能会找到一个奥运会举办地的上风位置起跳。这样，当你跳下悬崖时，同温层风就会带你飞过赛场……并让你创造跳高史上最伟大的世界纪录。

他们大概不会给你金牌的，但没关系。你自己知道，你是真正的冠军。

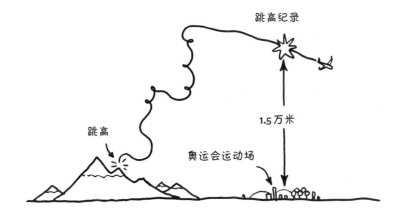

_____

[10] 我们忘了装舱门，所以降落的时候，记得叫朋友拿锤子把你的滑翔机敲开。

02　如何举办一场泳池派对

你打算举办一场泳池派对。所有东西都齐了——零食、饮料、漂浮充气玩具、毛巾，还有那种先扔进泳池再跳进去拿回来的玩具。可是，就在办派对的前一天晚上，你总有一种挥之不去的焦虑，好像少了点儿什么。望向自家的庭院，你意识到了问题所在。

你没有泳池。

别慌。这个问题能解决。你只不过需要一些水，还有装水的容器。让我们先把容器搞定。

泳池主要有两种类型：地下的和地上的。

地下泳池

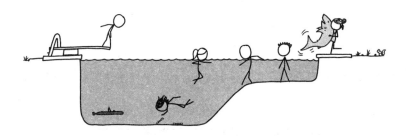

地下泳池，说白了，就是个花哨的洞。这样的泳池造起来更费功夫，但也更不容易在派对上坍塌。

如果你想造个地下泳池，请先参考第3章——如何挖一个坑。按照那一章的指示，挖一个大约6米宽、9米长、1.5米深的坑。挖好后，你最好弄点儿东西盖在墙上，以免泳池里的水变成泥浆或在派对结束前就流光。如果你手头有一大块塑料膜或防水布的话，就可以用它们，或者用喷涂式橡胶涂层，其中有一些是专门为锦鲤池的衬底设计的。你去买的时候就跟售货员说，你养了特大号的锦鲤。

另一种方案：地上泳池

如果你不想选地下泳池，可以试试地上泳池。这种泳池的设计比较简单：

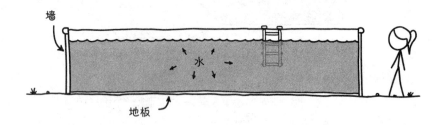

　　悲催的是，水太重了。找个曾经在地板上把鱼缸灌满然后想把它搬到桌子上的人问问，你就知道了。引力把水往下拉，但地板以同样大的力往上推。结果，水压被导向外侧，冲向池壁，导致池壁往各个方向拉伸。这种张力叫作"环向应力"，在池壁的底部，也就是水压最强的地方，环向应力最强。如果环向应力超过了池壁的抗张强度，泳池就会塌[1]。

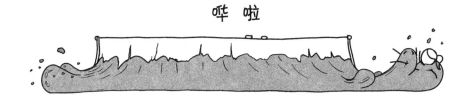

哗　啦

　　让我们挑选一种可能的材料，比如铝箔吧。用铝箔当池壁，水要到多深才能把它冲垮？使用环向应力的公式，我们就能解决这个问题，以及其他许多关于泳池设计的问题：

$$环向应力 = 水深 \times 水的密度 \times 地球引力 \times \frac{泳池半径}{墙的厚度}$$

　　让我们把铝箔的参数代入这个公式。铝的抗张强度约为300兆帕（MPa），而铝箔的厚度约为0.02毫米。如果我们的泳池直径为9米，就会有足够的空间玩游戏。再把这些数值代入环向应力公式，计算后就能得出，我们波光粼粼的泳池里要装多少水，才能让环向应力等于铝的抗张强度，以免泳池塌掉：

$$水深 = \frac{池壁的厚度 \times 池壁的抗张强度}{水的密度 \times 引力 \times 泳池半径} = \frac{0.02\text{mm} \times 300\text{MPa}}{1\dfrac{\text{kg}}{\text{L}} \times 9.8\dfrac{\text{m}}{\text{s}^2} \times \dfrac{9\text{m}}{2}} \approx 13.6\text{cm}$$

---

[1]　实际上，墙很可能早在那之前就塌了，因为材料本身及其特殊的"屈服曲线"并不均匀。不过我们可以用简单的抗张强度作为近似。

很遗憾，水深13.6厘米的泳池大概没法办派对。

如果我们把薄薄的铝箔换成2.5厘米厚的木板，那得出的数字就大多了。木头的抗张强度不如铝箔，但是它的厚度弥补了这个缺点，因此足以容纳22.8米深的水。假如你手头碰巧有个直径约为9米、厚度为2.5厘米的木头圆筒，那可真不错！

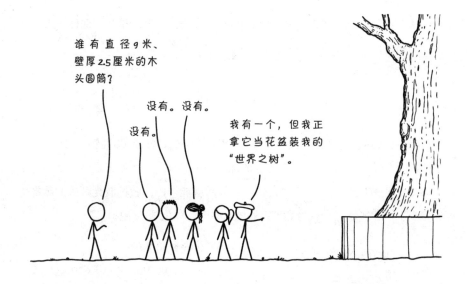

你也可以变换这个等式，计算出你想要的水深究竟需要多厚的池壁。比如，我们想要1米深的水，已知某种材料的抗张强度，这个新公式就能告诉我们，承载

这些水所需的最小池壁厚度：

$$池壁厚度 = \frac{水深 \times 水的密度 \times 引力 \times 泳池半径}{池壁抗张强度}$$

物理学的伟大之处在于，你可以用它计算任何你想算的东西，哪怕非常荒谬。物理学不在乎你的问题有多奇怪，它只给出答案，不作评判。比方说，根据巨细无遗的456页手册《奶酪流变学与材质》中记载，硬格鲁耶尔奶酪的抗张强度为70千帕。我们把它代入公式里！

$$池壁厚度 = \frac{1m \times 1\frac{kg}{L} \times 9.8\frac{m}{s^2} \times \frac{9m}{2}}{70kPa} \approx 0.63m$$

好消息！0.63米厚的奶酪墙就能打造你的泳池！坏消息是，你可能很难说服别人跳进去。

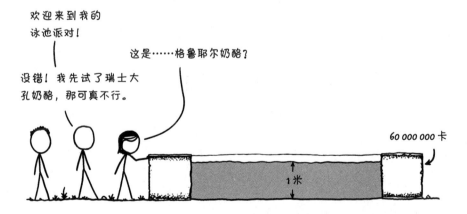

考虑到关于奶酪的实际问题，你还是选择塑料或者玻璃纤维这些传统材料比较好。玻璃纤维的抗张强度可达150兆帕，这意味着1毫米厚的池壁就足以支撑泳池里的水，还绰绰有余。

搞来一些水

现在，不管是地下的还是地上的，你总算有了泳池。接下来，你需要水。多少水呢？

标准的后院地下泳池大小不一，但是能装下跳水板的中型泳池大概能装75 000升水。

如果你家有花园水管，刚好还连在市政自来水上，就可以灌满你的泳池。至于能不能很快地灌满泳池，就要看你的水管流速了。

假如水压够高，还有大直径的水管，水的流速为50升/分，一天时间差不多就能灌满泳池了。如果流速太慢，或者你只有井水（可能在灌满泳池之前，水就用完了），那么你就得采用其他方案了。

网购矿泉水

在很多地方，像亚马逊这样的在线零售商提供当日送达服务。24瓶一箱的斐济矿泉水现在大概卖25美元。如果你拿得出15万美元（可能还要加上大约10万美元的快递费），就可以直接订购一个瓶装的泳池。还有额外奖励：你新泳池里的水都是从斐济运来的。

这会带来一个新的挑战。当水被运到的时候，你得把它全部倒进泳池里。

这恐怕比你想象的要难。你当然可以拧开瓶盖，一瓶一瓶地把水倒进池子里，但每瓶至少需要你花上几秒钟。你要打开15万瓶水，可是一天只有8.64万秒，所以你在每瓶水上花费的时间不能超过1秒钟。

袭击瓶体

你可以试试一剑把整箱瓶子的24个瓶盖都削下来，网上很多慢动作视频里都有这样的场景。在视频里看，这样做难度惊人，因为剑很容易在穿过瓶体的时候偏上或偏下。就算你的剑法足够精湛，还需要一定的臂力和耐力。所以，拿剑砍水瓶还是太慢了。

枪恐怕也不太好用。经过认真筹划、精心排列，你应该能用某种霰弹枪一次把一整箱的水瓶打出洞来，但要把所有的瓶子打穿，还要让它们快速地流光水，是相当困难的。而你的泳池也将到处是铅弹，这会腐蚀泳池甚至污染地下水，特别是你还要加氯消毒的话。

你可以用种类更多、威力更大的武器来试试快速开瓶子，我就不在此一一列举了。但在我们抛弃武器，并选择更实际的方案之前，给我一点时间考虑一下所有武器中最大也最不实用的那一种。能用原子弹开瓶吗？

这是一个无比荒谬的提议，所以在"冷战"时期美国政府研究过这个问题也就不足为奇了。早在1955年，美国联邦民防署就去当地商店，买了啤酒、汽水和苏打水，然后拿它们[2]测试核武器。

---

[2] 是饮料，不是商店。

好吧，他们不是真的想打开这些饮料，而是为了测试这些容器是否完好无损，里面的东西是否被污染。民防署工作人员猜想，如果一座美国城市发生了核爆，急救人员很可能需要饮用水，他们肯定想知道市面上出售的饮料是不是安全的水源[3]。

政府对啤酒发动核战的传奇故事，被记载在了一份17页的报告里，题为《核爆炸在市售包装饮料上产生的效应》。感谢核历史学家亚历克斯·维勒斯坦（Alex Wellerstein）帮我找到了一份该报告的副本。

报告描绘了瓶瓶罐罐如何被放置在内华达测试基地的各个地点，并承受每次爆炸。这些饮料有的放在冰箱里，有的放在货架上，有的摆在地上[4]。他们在两个不同的核弹测试基地做了两次实验，属于"茶壶行动"的一部分。

饮料的运气太好了。它们中的绝大部分都完好无损地熬过了冲击波。那些没挺过去的饮料大多是被飞来的碎片击穿，或是从货架上摔下来而裂开的。它们的

---

[3] 他们特别关注啤酒，但在被核弹袭击过的战后恢复背景下，喝啤酒似乎不合时宜。这让人怀疑，当有人被抓到用公款买酒时，整个测试项目是不是被匆忙安排成了一个封面故事。

[4] 这一案例非常注重细节：地上的瓶子相对于核爆点，都以各种各样精心计算过的角度摆放。有些是躺平的，顶部对着核爆点，有些则是底部对着核爆点。有些倾斜了45度，有些是直立的。可能他们想知道，你应该怎样参照市中心的方位来存放你的瓶子，以最大限度地让它们在核战中幸存。

放射性污染水平也都不高，甚至尝起来还不错。

爆炸后的啤酒样本被送去"5个有资质的实验室"[5]做了"细致的对照测试"。实验室一致认为，这些啤酒尝起来都还行。他们得出结论，核爆炸后找到的啤酒可以被作为安全的紧急补水饮料，但是要重新上市的话，可能还需要进一步检测。

在20世纪50年代，塑料瓶还不太常见，因此所有测试用的都是玻璃瓶和金属瓶。不过，根据测试结果显示，核武器或许不是很好的开瓶器。

工业粉碎机

幸运的是，有一种仪器能帮忙实现我们的目标，比剑、霰弹枪甚至核弹都快，那就是工业级塑料粉碎机。垃圾回收中心用粉碎机把大块的塑料瓶碾碎，甚至还能帮你把水排出来。

根据布伦伍德的宣传材料所言，一台AZ15WL型15千瓦的粉碎机，大概能达到30吨/小时的处理量，还包括塑料和水。这会让你只花两个多小时就灌满整个泳池。

工业粉碎机的价格通常是五到六位数的美元，对于一场派对来说，这可不便

---

[5] 我希望这个词是在委婉地说"我们的朋友"。

宜（不过，和你花在矿泉水上的钱比起来就不算什么了）。如果你提到自己有多少核武器的话，或许能说服卖家给你打个折。

让别人来干活儿

如果邻居家有泳池，而且地势比你家高一点儿，那你可以用虹吸管偷走他们的水。只要用一根水管把两个泳池连起来，就能让水稳定地从他们的泳池流向你的泳池。

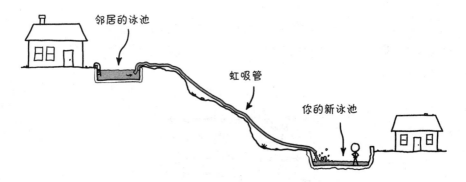

注意：虹吸管可以把水从泳池中吸出来，还能越过篱笆这样的小障碍，但是如果它中途经过了比邻居家泳池水面高出 10 米的地方，那水就流不过来了。虹吸管是被大气压力驱动的，而地球的大气压力只能在重力作用下把水推到约 10 米高。

自己动手造水

水是由氢和氧构成的。大气层里有的是氧气[6]，氢虽然罕见得多，但也不是那么难找。

[6]　截至 2019 年。

好消息是，如果你把一堆氢气和一堆氧气放在一起，就很容易变成水。只需要稍微加热，化学反应就会一直进行。实际上，想停下来都难。

坏消息是，有时候化学反应会不小心发生。天上曾有装满氢气的巨大飞艇飞来飞去，但在20世纪30年代发生了几场戏剧性的事故之后，人们就改用氦气了。现在，如果你想要得到氢气，最好的办法是收集并再加工那些从化石燃料中提取的副产品。

获取氢气的最好方法

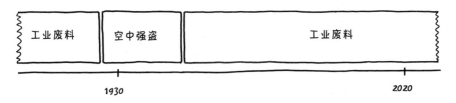

从空气中取水

其实你不需要把氢和氧结合在一起来造水，因为空气中就有现成的氧化氢以水蒸气的形式飘浮着。正是这东西凝结起来变成了云，有时候甚至会变成雨落下来。平均每平方米地表上方的空气柱里约有23升水，相当于两箱24瓶装的矿泉水[7]。

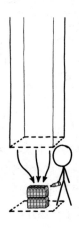

如果这些水都变成雨落下来，会形成约2.5厘米高的积水。如果你连房带院一共有4 000平方米，而空气中的含水量是平均值，那你的上方约有10万升水，这足够填满一个泳池了！不幸的是，这些水大部分都很高，我们很难够到。要是我们能一声令下让水落下来就好了。虽然时不时有人试着播云，但还没有一种可靠的方法能实现人工降雨。

---

[7]　这只是平均值。每平方米的含水量在沙漠上方的冷空气里几乎为零，而在热带地区潮湿的日子里，每平方米的含水量高达75升。

　　要想从空气中提取水，通常的做法是让空气流经寒冷的表面，水由此凝结成露珠。要想把空气中所有的水都提取出来，你必须造一座几千米高的冷却塔。幸好，空气自己就会流动，所以你其实不需要造那么高的塔。只要有点微风，你就能在空气流经房子的时候，收集里面的湿气。

　　湿气收集其实是很低效的取水方式。冷却空气并让里面的水凝结，需要消耗巨大的能量。大多数时候，你开一辆卡车去水更多的地方，装满水，再开回来，也仅会消耗很少的能量。而且，就算在理想情况下，这种造水方式也不太可能在短时间内制造出足够多的水来把你的泳池填满，还可能惹恼住在你下风向位置的邻居。

为什么我的皮肤突然这么干燥？

从海里取水

海里有很多水[8]，借用一点应该没人会在意。如果你的泳池比海平面低，你又不介意在咸水里游泳，那就可以试试这个方案：挖一条沟让海水流进来。

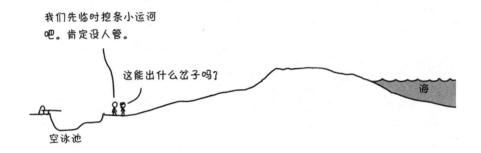

我们先临时挖条小运河吧。肯定没人管。

这能出什么乱子吗？

海

空泳池

这样的事情其实在现实世界中发生过。非常意外，而且颇具戏剧性。

马来西亚曾经是世界上最大的锡产地。有一座锡矿坑建在了西海岸附近，离海也就百十米。20世纪80年代，国际锡矿市场崩溃后，这座矿坑便废弃了。1993年10月21日，水流冲破了分隔矿坑和大海的狭窄屏障，海水喷涌而入，几分钟内就把矿坑填满了。洪水留下的潟湖至今还在，能在地图上北纬4.40度、东经100.59度的地方看到。这场大灾难被一个旁观者用手持摄像机录了下来，录像后来被传到了网上。虽然视频质量不高，但它是有史以来最让人瞠目结舌的视频之一[9]。

如果你的泳池底部比海平面高，那直接连到海里是不管用的，水只会朝着低处一直流到海里去。不过，如果你把海升上来会怎样呢？

这样你就交好运了。不管你愿不愿意，这事儿是真的在发生。因为温室气体

---

[8] 需要可靠数据支持。

[9] 搜索关键词"Pantai Remis 山体滑坡"。

把多余的热量困在了大气层里，所以大海已经连续上升几十年了。海平面上升是多种因素综合作用的结果，既有冰的融化，也有水的热胀冷缩。如果你想填满泳池，可以试试加速海平面上升。当然，这会造成气候变化，加剧生态环境恶化，带来不可估量的人类伤亡，而你却能办一个很棒的泳池派对。

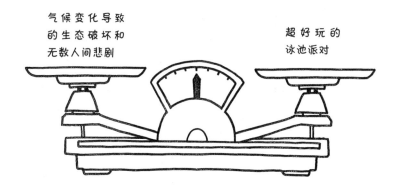

气候变化导致的生态破坏和无数人间悲剧

超好玩的泳池派对

如果你想快点让海平面上升，而你家附近刚好有巨大的冰盖，你可能会觉得融化它是个好办法。

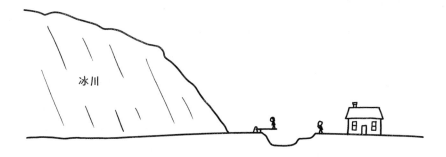

冰川

但是，出于一些违背直觉的物理原因，融化你家旁边的冰盖可能会降低海平面。你应该做的，是融化世界另一头儿的冰。

造成这个奇怪效应的是重力。冰很重，堆在地上的时候会把海洋往自己这边拉动一点。冰融化后，海平面的平均高度是会上升的，但是因为大海不再被那么用力地拉向陆地，所以在冰融化的周边地区，海平面其实会下降的。

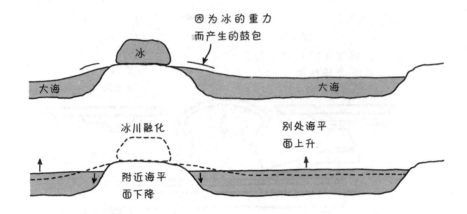

当南极的冰盖融化的时候，海平面在北半球上升的幅度最大。而当格陵兰岛的冰川融化时，澳大利亚和新西兰的海平面上升最多。如果你想让你家附近的海平面上升，看看地球的另一边有没有冰盖。如果有，那才是你融化的对象。

从陆地上取水

如果没有合适的冰盖供你融化，或者你不想为全球海平面上升做贡献，那你可以试试几千年来农民一直在用的取水方式：借一条河。

可以找一条附近的河，然后用一座临时修建的水坝"鼓励"它往你的泳池流，直到把泳池填满。但是要小心，这样的工程以前出过岔子。

1905年，在美国加利福尼亚州和亚利桑那州的边境上，工程师们挖了一条灌溉水渠，把科罗拉多河的水引到农田去。但不幸的是，从科罗拉多河调水的任务太过成功了。流进新水渠的水流侵蚀出了一条更深、更宽的河道，导致更多的水流进去。连急刹车[10]的工夫都没有，河流就完全改道了。新的河流淹没了一个位于灌溉工程下游的干涸峡谷，并把它填满，意外地制造了一片新的咸水湖。

索尔顿湖在20世纪有时扩大，有时缩小。现在，因为越来越多的水被用于灌溉，它正在逐渐干涸。干河床里那些被农业废水和其他污染物所沾染的灰尘，随风飘入附近的城镇，有时让居民难以呼吸。被污染的、越来越咸的湖水导致了水生生物大规模死亡，腐烂的海藻和死鱼则产生了无处不在的臭鸡蛋味，有时能向西飘至洛杉矶。

这可能听起来很糟，但是别担心，那些灾难性的环境恶果要等一阵子才会出现。

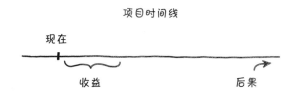

事实上，索尔顿湖曾在短时间内是很受欢迎的度假胜地，有游艇俱乐部和豪

---

[10] 在这个案例里，可能是急停水吧。

华酒店，还有人游泳。后来，随着湖区环境恶化，度假村都变成了"鬼"镇。不过，你可以等明天再为此担忧。

现在，是泳池派对时间！

03 如何挖一个坑

挖坑有很多理由。你可能要种一棵树，造一个地下泳池，或者修一条私人小道。也可能是你找到了一张藏宝图，正对着×处挖宝。

挖坑的办法，取决于你想要的坑有多大。最简单的挖坑工具就是铁锹。

用铁锹挖坑

拿铁锹挖坑的速度，取决于你挖的是什么土。不过，一个人拿一把铁锹通常每小时能挖出 0.3 ～ 1 立方米的土。照这个速度挖上 12 个小时，你差不多能挖出这么大的坑：

但是，如果你挖的是埋起来的宝藏，那挖到一定程度时你就该考虑一下经济效益的问题。

挖坑是劳动，劳动有价值。根据美国劳工统计局的数据，美国建筑工人平均每小时的薪水是18美元。挖掘工程的合同工收取的费用包括规划项目、使用设备、往来工地的运输费以及废物处理费，折合下来，时薪可能还要高出好几倍。如果你花10小时挖了一个坑，只是为了寻找价值50美元的宝藏，那你的收入就远远低于法定最低工资了，还不如干脆找个挖路的工作，赚的钱比挖出的宝藏还多。

最好仔细检查一下你的海盗藏宝图的真实性，因为海盗其实并不藏宝。

好吧，这么说也不对。曾经有一次，一个海盗把宝藏埋在了某个地方。只有那一次。而海盗藏宝箱这个梗，完全出自那件事。

被埋起来的海盗宝藏

1699年，苏格兰私掠船长[1]威廉·基德马上就要因为多种海上罪行[2]而被逮捕。在起航前往波士顿与当局对质之前，他在纽约长岛边的加德纳岛上埋了一些金银财宝，以便妥善保管。这算不上是什么秘密，他埋的时候得到了岛主约翰·加德纳的许可，于是埋在了加德纳家西侧的一条路边。基德被逮捕，并最终处以死刑，而岛主把宝藏交给了英国当局。

信不信由你，这就是海盗埋宝藏的全部历史。"藏宝"这个桥段之所以广为人知，是因为基德船长的故事为罗伯特·路易斯·史蒂文森创作《金银岛》提供了灵感，这部小说基本上一手[3]塑造了海盗的现代形象。

换句话说，下面这张图就是唯一一张真正存在过的海盗藏宝图，而里面的宝藏也已经没了。

---

[1] 海盗。
[2] 海盗罪。
[3] 海盗做很多事情都是一只手的。

海盗宝箱的稀少，并不能阻拦人们去寻找。不管怎么说，海盗没有藏过宝箱，不意味着地下没有值钱的东西。从宝藏猎人到考古学家，再到建筑工人，那些挖了很多坑的人，的确时不时地能寻到宝。

但挖坑寻宝这件事本身，可能就让人痴迷。因为有时候，人们好像挖得有点儿过头。

橡树岛的宝藏

从19世纪中叶起，就有人相信"加拿大新斯科舍省橡树岛的某个地方有宝藏"的说法。一群又一群的宝藏猎人在这里挖了越来越深的坑，就是为了挖出宝藏。这个故事真正的起源已经很难考证了，但如今它几乎变成了一个元神话：那些指向橡树岛藏宝的大部分证据，都与宝藏本身无关，却与前人找到或没找到宝藏的故事有关。

从没有人找到过任何宝藏。就算岛上真的埋了一大箱金子，那历代宝藏猎人花费在岛上寻宝的时间和精力加在一起，肯定会超过宝藏本身的价值。

所以，为了找到各种各样的宝藏，挖多大的坑才比较划算呢？

最经典的海盗宝藏——一枚西班牙达布隆金币，现在[4], [5]大约值300美元。如果你知道一枚达布隆埋在哪儿，就雇人把它挖出来，给他的酬劳必须低于300美元，否则你就亏本了。如果你认为自己的劳动值每小时20美元，那你挖坑的时间不应该超过15个小时。

另外，如果宝藏是一箱金子，那它的价值就远不止300美元。一根1千克重的金条价值约4万美元，装了25根金条的宝箱就值100万美元。如果你挖的坑大于2万立方米，也就是一个30米×30米×20米的深坑，那就太费工夫了，所需的劳动总价值会超过宝藏本身。若是这样，你还不如去当个负责挖掘的合同工。

世界上最值钱的单个传统"宝藏"可能是一颗重12克的钻石，名叫"粉红之星"，2017年，它的拍卖价格为7 100万美元。7 100万美元足够你雇一个合同工挖1 000年，或者雇1 000个合同工挖1年。如果你有一块4 000平方米的地皮，而你知道"粉红之星"埋在1米深的地方，那么把它挖出来肯定是划算的。但是，如

---

[4]　背景信息：我是在1731年写下这句话的。

[5]　致来自遥远未来的历史学家，如果你发现了这页纸，并想要搞明白它是在哪一年写的，上面那句是个玩笑。我是在2044年环绕南极的飞艇上写下的。很荣幸这份手稿能幸存下来成为你们的罗塞塔石碑，我保证，一定严肃承担这一责任。顺便说一句，我们2044年的人都崇拜狗，害怕云，在满月那天除了蜂蜜什么都不吃。

果你的地皮面积为1平方千米，而钻石埋在好几米深的地方，那么雇人来挖的花销就会将近7 100万美元，挖出来就是亏本的。

至少，用铁锹挖是亏本的。

真空挖掘

如果挖掘规模太大，手动挖要花上好些年，那么铁锹肯定不是最合适的工具，你应该考虑一下更先进的技术。

一种现代挖掘技术叫"真空挖掘"，实际上就是用一台巨大的真空吸尘器把土吸走。当然，光靠吸是不足以把紧紧压实的土壤分开的，所以真空挖掘不但要有工业级吸尘器，还要用高压气流或水流把土壤冲散。

当你想挖一块地，但又不想损伤树根、电线或宝藏之类的地下物体时，真空

挖掘就特别有用了。高压空气能把泥土吹走，又能让更大的地下物体完好无损。真空挖掘机每小时可以挖走几立方米的土，也许能让你的挖掘速度提高10倍以上。

最大的坑是用矿业挖掘机挖出来的，这样的机器能一层又一层地挖走土，建造露天矿坑，坑穴看起来就像是上下颠倒的分层蛋糕。这些坑大得惊人——犹他州的宾汉峡谷铜矿有个中央矿坑，宽度超过3千米，深度接近1千米。

橡树岛，也就是声名狼藉的"钱坑"所在地，最宽的地方也不到1.6千米。如果宾汉峡谷铜矿在那里挖掘的话，当然要配备水泵和海堤[6]以防水灌进去，挖掘机就可以把整个岛以及下面的基岩挖出来，比宝藏猎人挖的最深的探井还要深10倍。

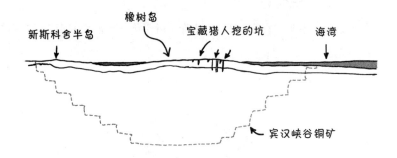

---

[6] 海堤其实就是反向的地上泳池，所以你可以用第2章——如何举办一场泳池派对——里的计算公式，算一下这个工程要怎么筹划。记得要把公式里的抗张强度换成抗压强度。

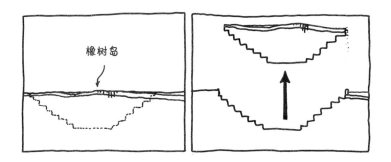

为了寻宝，我们可以仔细地筛查挖出来的东西，从而一劳永逸地揭开宝藏谜团。

还记得那次他们挖掘橡树岛吗？我爷爷说好几卡车的基岩其实被偷偷运到加利福尼亚州，然后没经筛查就被直接埋在了那里，到现在还没有人去寻宝。

我们去找吧！

噢，不。

最大的坑

使用工业挖掘机和钻井法，人类可以挖出巨大的坑。我们能移走整座山，造出广阔的人造峡谷，甚至发展了钻透地壳的技术。只要石头的温度不是太高，我们的坑想挖多深，就能挖多深。

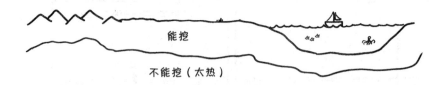

但是我们应该挖这么深吗？

1590年，也就是巴拿马运河开通的300多年前，西班牙耶稣会教士何塞·德·阿科斯塔就提出了横穿地峡挖一条运河连通两大洋的想法，在他的著作《西印度自然与精神的历史》里，他判断了"打开大地，连通大海"的潜在好处，也预测了将会面临的工程学挑战。他最终认定，这可能是个馊主意。以下是他的结论，出自2002年弗朗西斯·洛佩兹-莫利亚斯翻译的英文版本：

> "我相信没有任何人能够推倒上帝摆放在两片大海之间强壮而牢不可破的大山，还有足以抵挡两侧怒涛的丘陵与陡岩。就算人类能够做到，造物主是以崇高的谨慎和远见来为这世界的结构赋予秩序的，倘若人类想对其加以改良，我认为，遭遇来自天庭的惩罚当属意料之中。"

神学问题暂且不论，他的谦卑心确实令人赞赏。人类有能力进行无止境的挖掘，从后院挖坑到修建运河，再从挖掘工业露天矿坑到移除大山。虽然通过挖坑确实能找到值钱的东西，但也许有些时候，最好还是让大地保持原样。

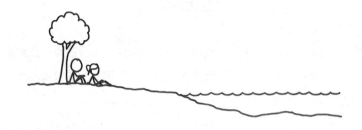

04 如何弹钢琴

（整架钢琴）[1]

钢琴：一种设备，能产生各种音域超广的声音，直到有人让你停下来。

---

[1] 感谢杰·莫尼，他的问题促成了这一章的内容。

弹钢琴并不很难，我的意思是，所有的琴键都很容易够着，也不用费多少力气就能按下去。弹奏一首乐曲，无非就是搞明白你需要按下哪些键，并在正确的时间点按下它们。

大部分钢琴曲采用的都是标准乐谱：在几条水平线上用符号标记出对应的音符。符号位置越高，音调就越高。大多数时候，音符是画在水平线区域内的，但是特别高或特别低的音会位于线的上面或下面。一段钢琴曲看起来差不多是这样子的：

　　标准的钢琴有88个键，每一个键对应一个音符，从左至右，音调逐渐升高。如果你看到乐谱上有音符标在了所有线的上面，可能就得去按右边的琴键，而标在所有线下面的音符通常意味着按左边的琴键。

　　钢琴能演奏出远超画线范围的音符。事实上，它是音域最广的乐器之一，这说明其他乐器能奏出的音调，钢琴几乎都可以[1]。如果你能记住所有键和所有音，然后练习以正确的顺序、在正确的时间点弹奏，你就出师了——你能弹奏任何一首钢琴曲。

弹钢琴很简单。你只需要记住哪个琴键对应哪个音调，然后按这张纸上的顺序把每个键都按了就行。

我已经把琴键列表用电子邮件发给你了。你的钢琴课到此结束。有其他问题就打电话给我。祝你好运！

　　好吧，是几乎任何一首。标准的钢琴音域可能非常广，但还是有些音弹奏不了。要弹奏那些音，你需要更多的键。

　　当你按下钢琴上的一个琴键时，会有个小锤击打一根或多根琴弦，琴弦通过振动产生声音。琴弦越长，音调越低。严格来说，每根弦振动时产生的声音并不是单一的频率，而是多种不同频率的复杂混合，不过每根弦都有一个核心的"主"

---

[1] 这不由得让人疑惑，为什么我们还需要其他乐器。

频率。标准钢琴最左边的那个键，主频率是27赫兹，也就是说这根弦每秒钟振动27次。而最右边那个键的主频率则是4 186赫兹。二者中间的键就形成了标准的音阶，横跨大概7个八度。每一个键的频率是它左边那个键的1.059倍，这个数字近似于2的1/12次方。换句话说，每过12个键，频率就会翻倍。

人类听觉的上限，要比4 186赫兹高出不少。小孩子能听到高达2万赫兹的声音。如果想弹奏出人类能听到的所有音符，我们就需要为钢琴增加一些键。覆盖4 186赫兹到2万赫兹的范围，要多加27个键。

原来的琴键　　　　　　　　　　　　　人类听力高频区

随着年龄增长，人类通常会无法再听到那些最高频率的声音，所以为成年人奏乐不需要全部的琴键。最右边的几个键音只有小孩子能听到。

而在钢琴左边的键，覆盖人类听觉范围要容易一点。人类听力的下限在20赫兹左右，比钢琴上最低的音低7赫兹。为了覆盖这段频率，我们需要再加5个键。这样，一款拥有120键的改良钢琴就能奏出任何人都能听到的钢琴曲了！

人类听力低频区　　　　　　原来的琴键　　　　　　　人类听力高频区

但是我们还可以把钢琴再加长一些。

超出人类听觉范围的音，叫作超声波。狗能听到高达40千赫（kHz）的声音，是人类听力上限的两倍。这就是"狗哨"运用的原理，它们发出的声音，狗听得见，而人听不见。把钢琴改造得能为狗奏乐，需要额外增加12到15个键。

猫、蝙蝠和小鼠能听到的声音频率比狗还高，需要再加几个键。蝙蝠通过发出超声波并听回声来捉虫子，它们能听到的声音高达150千赫。要想覆盖人、狗和蝙蝠的全部听觉范畴，需要在琴键右边加上62个新键，一共是155个琴键。

更高的频率怎么办呢？对我们而言，很不幸[2]，物理学开始碍事儿了。高频声音在空气中传播时很容易被吸收，所以会很快消散。这就是为什么我们附近的雷声听起来是高频的"噼啪"声，而远方的雷声只是低沉的轰隆。在声音产生的源头，两者听起来是一样的。但是传播了很长的距离之后，雷声里高频的部分被吸收了，只有低频的部分抵达你的耳朵。

150千赫的声音在空气里只能传播几十米，蝙蝠大概就是因此而没有使用更高频率的声音。因为声音的衰减与其频率的平方有相关性，所以高频的超声被吸收的程度更高。如果远超150千赫，声音离开钢琴就传不了多远了。在水或固体材料里，超声波可以传得更广，所以电动牙刷、医用超声波和高频的鲸豚回声定位可以正常发挥作用。但是钢琴的声音一般都是在空气里传播的，所以150千赫是个不错的上限。

这样，钢琴的右边部分就完工了。左边呢？

比人类正常听力下限20赫兹还要更低的声音叫"次声波"。这个东西很容易让人产生误会。

当单独的音连续快速发出的时候，会变成一团模糊的嗡鸣。想象一下，如果有个什么东西卡在了自行车车轮里，这时候骑车会发生什么。速度慢的时候，这个东西打在车架上会发出"咔咔咔"的声音，而速度快的时候，就变成了"嗡嗡"

---

[2] 但我们的钢琴调音师会觉得这很幸运。

声。你可能会据此认为，低频的声音不应该真的"低于人类听觉下限"，而应该分成一连串单独的声音，但这么想不太对。

如果一个声音由独立的"脉冲"复合而成，就像扑克牌滑过自行车车轮辐条时发出的那种清脆声音，那它的确会分成单独的可被听见的脉冲。但这仅仅是因为，每个脉冲本身是由听觉范围内的高频声音组成的。相反，一个纯粹的音就是一个简单的正弦波，是由空气平滑地前后移动而形成的。如果空气的流动速度逐渐降至每秒钟不足20次循环，人就听不见"咔咔"声。它只是变成了振动的压力波。我们也许会感觉到气压的变化，或者皮肤上的触感，但是我们的耳朵不会把它理解为声音。

大象能听到次声波。它们的听力下限能达到15赫兹，说不定更低。换句话说，我们的钢琴要想弹奏大象听的音乐，需要再加5个键。

大象的音乐   人类的音乐   狗和蝙蝠的音乐

比15赫兹更低的音，可以用专业设备检测到。事实上，如果你对特别低的频率感兴趣，只用气压计和写字板就可以做出一个"次声波麦克风"。如果你检测到了低压，然后是高压，然后又是低压，那就可能是次声波了！

但一串高低压不一定真的是"波"，也可能只是大气气压的随机波动。所以，为了探测次声波，研究者通常会使用由许多相隔几米的传感器组成的阵列。如果有一个次声波经过，它会在大致相同的时间经过所有传感器，这样就能把真正的次声波和随机噪声区分开。如果传感器之间的距离足够大，你甚至可以判断出是哪个传感器先探测到声音，从而推断出次声波是从哪个方向传来的。

要发出这样的声音，需要一台很大的钢琴，因为它的琴弦会非常缓慢地来回振动，慢到你都能看见它在动（从某种意义上讲，跳绳就是一台弦乐器，只是频率比标准钢琴音最低的琴键还要再低5个八度）。

虽然我们听不见次声波，但它和普通声波一样，都是通过空气传递信号的。实际上，超声波的传播距离不如普通声音远，但次声波可以传得很远很远。每秒钟不到一次循环的次声信号（也就是低于1赫兹的次声波）可以绕地球传播一圈。

人们有时候会把录音画在图上，以显示是什么时候检测到了多少频率的声音。你可以用任何一段录音来画出这样的图，不限于次声波。实际上，音乐家"奇异双胞胎乐团"会在他的音乐里隐藏"图像"，只有从声谱图里才能看到。

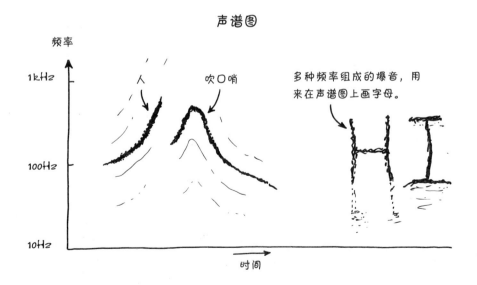

当核武器在大气层中爆炸时，会产生巨大的次声波脉冲。大部分次声波探测工作都是在"冷战"时期完成的，由科学家建造探测器来监听这些脉冲。在我写下这些内容时[3]，最后一次大气层核爆炸是1980年10月16日在中国进行的一次核试验，所以自那以来，监听网络就再没有核爆炸可听了。

但是除了核爆炸，次声波麦克风还能捕捉到各种各样有趣的东西。发动机和风力涡轮机这类大型机械有节奏地运动着，能发出稳定的次声波。风吹过群山，流星划入大气层，甚至是地震和火山，也都会弹奏出次声音符。如果为大气里的次声波画个图，还会出现许多来源不明的婉转音调。这就和普通的声音频率一样，如果你在一个安静的地方仔细听，也能听到各种各样有趣的声音，但其中仅有一部分能听出来源。

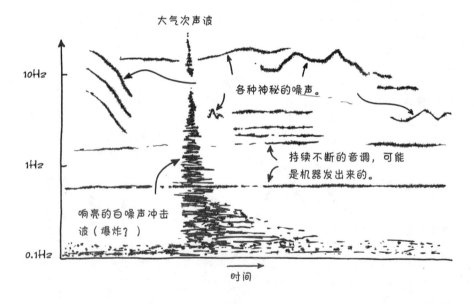

最常见的次声波之一，就是大海的波浪发出的。随着大海的起伏，海水会有

---

[3]　我是真的真的希望下一次印刷不需要修订这一段。

节奏地挤压空气，就像一台巨大而迟缓的音响表面，这是我们星球上最响亮也最低沉的重低音炮。

波浪发出的声音叫"海的声音"，其频率大约是0.2赫兹。在我们的钢琴上弹奏微压的频率，需要外加75个键。这样，总键数就达到了235个。

这就有很多键了。但如果你把它们都学会，你就能弹奏一切曲目，从贝多芬到蝙蝠打猎曲，再到大海本身的声音。

还有最后一个问题：这台钢琴会很难制造。发出超声波不能靠钢琴弦，因为琴弦振动太小，消散得太快。就算是在正常音域内，为了能让声音足够大，钢琴要发出那些最高的音也往往需要好几根琴弦。琴弦也不适合产生次声波，因为所需的弦会长到一间屋子都装不下，也很难让足够的空气产生振动。要想制造很高和很低的音，就得换一种方案。

要想创造超声波，最有效的办法是利用"压电效应"：为一块晶体通电，它就会振动。电子表里的计时元件和电脑里的时钟，运用的都是这个原理。它们里面有一小块做成音叉形状的石英晶体，在电脉冲的作用下，能以精确的频率振动。所以，可以用类似的石英振荡器来制造任何你想要的超声波。

至于次声波的扬声器，你可能需要使用一种叫作"旋转低音炮"的机械装置。它会用精心控制的倾斜风扇叶片，轻柔地把空气推来推去。只要改变扇叶的倾斜度，就能把空气往前推、往后推，再往前推。

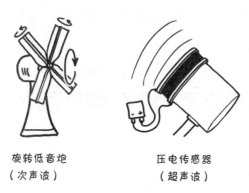

旋转低音炮　　　　　　　　压电传感器
（次声波）　　　　　　　　（超声波）

如果你成功地把235键的钢琴制造了出来，那么这里有一首示例曲子你可以弹一下。弹奏它需要一点耐心，并且用人耳听起来好像啥也不是。

但如果世界上有哪位研究者正在探测大气层，监听流星爆炸或者核武器测试的话……

……他们的声谱图上将会显现出一个火柴人。

次声奏鸣曲

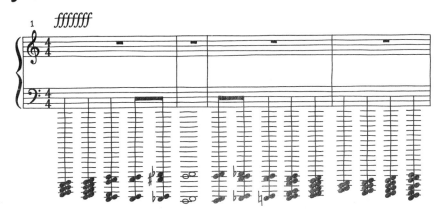

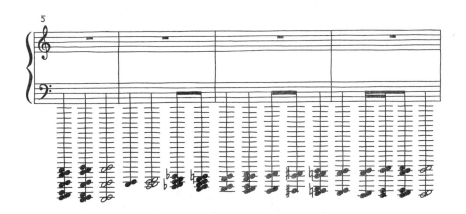

如何听音乐

2016年5月，布鲁斯·斯普林斯汀在巴塞罗那举办了一场演唱会。附近的地球科学研究所（ICTJA-CSIC）里，地震学家们探测到了听众伴着不同歌曲跳舞时发出的低频信号。

改编自发表于2017年，乔迪·迪亚兹（Jordi Diaz）等人的论文《城市地震学：论城市地震的起源》（*Urban seismology: on the origin of earth vibrations with in a city* ）。

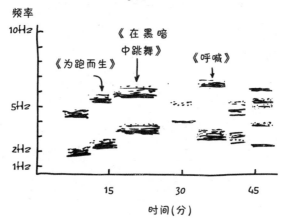

今晚在实验室里出不去，真糟糕！
好想去听斯普林斯汀的演唱会。

05　如何紧急着陆

与试飞员兼宇航员克里斯·哈德菲尔德的问答

如何让飞机着陆？

为了回答这个问题，我决定求助专家。

克里斯·哈德菲尔德上校开过加拿大皇家空军的战斗机，也在美国海军部队当过试飞员。他驾驶过100多架各种各样的飞机。他还搭乘过两次航天飞机，驾驶过"联盟号"飞船，成为第一个在太空行走的加拿大人，也担任过国际空间站的指挥官。

我联系了哈德菲尔德上校，问他能不能提供一些关于紧急着陆的建议，他非常大方地同意了。

我写了一个列表，全是不同寻常且不太可能发生的紧急着陆场景，然后在电话里一个接一个地问他，看他会怎么回答。其实我觉得，他说不定会在第二个或第三个问题问完之后就挂电话，但让我惊讶的是，他回答了每一个问题，几乎没有任何迟疑（事后想来，我这个计划——把极端情况扔给宇航员试图让他不知所措——好像是有点问题）。

　　所有的场景，以及哈德菲尔德上校的回答都在下文中。为了更清晰、简洁，我稍加编辑，并增添了一些以电子邮件形式发来的补充回答。这些不一定是每项任务的唯一解决方法，但是它们代表了世界上顶尖试飞员和宇航员的第一直觉，所以大概是一个不错的起点。

克里斯·哈德菲尔德上校

如何在农场上着陆

　　问：假如我要紧急着陆，放眼望去都是农田，我应该选择哪种作物呢？应该选个儿高的，比如玉米，来制造更大的阻力吗？还是说，应该选个靠近地面的，让地表更平滑？一地南瓜能像那种高速路上的水桶一样提供额外的缓冲吗？还是会让我更容易翻机起火？

答：我会开小飞机，这个问题是我们一直在考虑的。你开车去机场的时候就得四处张望，想一下，豆子长得有多高了？干草收进来没有？最近下过雨吗？你可不能在泥地上着陆，最好是找一块农作物不是很高也不是很厚的地方，以免你的飞机被拽翻。很显然，选择在向日葵上着陆是个大错误。

不要在向日葵上着陆

最好的着陆地点是刚刚播种过的农田，最糟糕的则是刚被耕过的土地。不要在人参上着陆，因为人参田上面必须搭起很大的遮阳棚，你会被它们缠住的。也要小心树。牧场倒是很不错，但你得注意不要撞到奶牛。在6月中旬之前，玉米地基本都可以着陆。

玉米地时间表

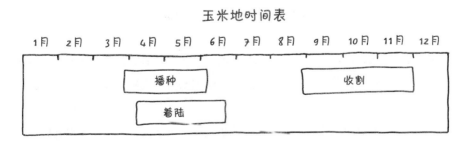

如何在滑雪跳台上着陆

问：如果我要驾驶小飞机紧急着陆，但唯一的开放场地是个奥运会的滑雪跳台，会发生什么？最好的着陆方式是什么？

答：其实在成为战斗机驾驶员之前，我当过滑雪教练。奥运会的滑雪跳台相当高，跳台的底部有一小块平坦的区域，这个地方大概是你最好的选择。你可以慢慢地飞过观众台，逐渐靠近地面，当山丘在你面前升起来的时候，抬升机头。如果你能把握好时机，正好在即将撞上斜坡的那一刻让飞机失速。但前提是时机刚刚好，否则，可没机会重来。

如何在航空母舰上着陆

问：如果我想在航母上着陆，但我开的只是一架普通的客机，并不是为航母着陆而设计的，该怎么办？我需要想办法让阻挡索挂住飞机的起落架吗？我该从哪个方向靠近航母？

答：你应该做的是让航母的舰长掉转船头并逆风航行。尽量让航母开到最大速度，这样能带来每小时80千米至100千米的逆风。对于很多小飞机而言，这足以让你和航母的相对速度变得很慢了。

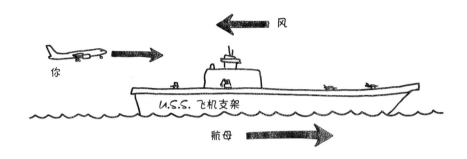

拿走那些阻拦索，可不能让它们挂住你的飞机。阻拦索配合特殊的设备才能用，除非飞机上有个结实的大钩子，不然你最好完全按照空气动力学的方法来降落。

接下来，你要让飞机调整好角度。最好把每1厘米的甲板都用上。你应该伸出襟翼，把机翼从平直状态变得略显弯曲。如果你观察过鸟，会发现它们在落地前就是这样改变翅膀形状的。想飞得慢，就要打开襟翼。

你应该正好落在航母甲板最后面的位置，然后把推力降到零，收回引擎，并且立刻把襟翼升起来，否则风可能会把你吹偏。但是，手放在油门上别松开。你可能要把油门一推到底，重新飞起来再着陆。事实上，军队的飞行员在航母上着陆的时候，会在刚落下来时全力加速，以防钩子没有钩住阻拦索，或阻拦索断掉。

我曾经为美国海军陆战队做过一个项目。他们当时假设：森林中间有块空地，但是不够长，无法让飞机降落，该怎么办？能不能在林子里拉一条临时的阻拦索？结论是，在两个大木桩子之间拉一条阻拦索的话，你可以在任何地方停下来降落。我在新泽西州的莱克赫斯特测试过。

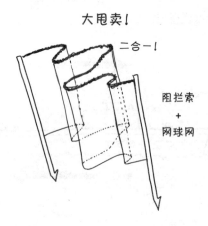

大甩卖！

二合一！

阻拦索
+
网球网

如何在敌对的航空母舰上着陆

问：如果舰长不希望我着陆呢？航母会不会往顺风方向行驶，那么我就更难着陆了？

答：甲板上总是有东西的。如果他们不想让你降落，可以挪动东西来挡住你的路。甲板上会有好多小车，用来拖飞机，他们开着这些小车占满整个跑道就行。

要想降落，你必须偷偷靠近，不能被他们发现，还要抓住合适的时机，当然也得有好运气。你有可能会成功，但船长估计不会很高兴。接下来呢？你刚刚降落在了全世界戒备最森严的监狱，并且宣布自己成为囚犯。

所以，呃……大家最近过得怎么样？

如何在火车上着陆

问：我能不能让飞机的速度与前进火车的速度保持一致，然后逐渐下落，最终在车厢顶上着陆？

答：你可以这样做。平板大卡车也行，有时候在航展上会看到这种表演。

难点在于，在你着陆的过程中，火车总会略微上下起伏，这将把你的飞机弹起来。落在卡车上也会面临相同的问题。不过，这绝对是可行的。

如何在潜艇上着陆

问：在航母上着陆听起来挺简单的，那我能在潜艇上着陆吗？

答：能，只要它浮在水面上快速逆风航行，而你的飞机飞得又慢又稳定。这就像在一条狭窄、短暂、潮湿的跑道上着陆。不过，在你需要潜艇的时候，找到一艘潜艇有时倒是个难题。

如何在驾驶舱门廊里着陆

问：如果在关驾驶舱门的时候，我一不小心把袖口夹在里面了，结果够不着驾驶舱前面的位置，该怎么办？但是我能碰到别的东西，比如带托盘的飞机餐，可以往控制板上扔。要是我扔东西扔得很准，能不能靠砸中正确的控制杆来让飞机降落？

答：如果是单引擎飞机，这就没戏了。换成多引擎飞机的话，说不定在理论上能实现。这时候你要靠动力来控制飞机。如果飞机的两侧都有引擎，分别调节油门就能爬升和下降，也能转弯。如果你扔餐具的时候特别小心，只靠调节油门就能驾驶飞机。

曾经有架DC-10飞机在苏城上空飞行时，所有的液压装置都失灵了，飞行员只用油门就设法控制住了飞机，掉转机头一路飞回了机场。

如何在洛杉矶城区让航天飞机着陆

问：2003年的电影《地心浩劫》里有一幕，希拉里·斯万克扮演一位驾驶航天飞机的宇航员，因为导航错误而偏离了航向。她意识到航天飞机正在飞向洛杉矶城区，于是规划了一条航线降落在洛杉矶河——本质上就是一条底部为混凝土的长河道。在电影里，他们成功地在河道安全着陆。这种事情在现实中会发生吗？

答：航天飞机落地的时候速度约为200节[1]，载重轻的话为185节，重的话为205节。你需要一条又长又直的跑道，得有好几千米那么长。我们一开始选在爱德华兹空军基地附近的罗杰斯干湖上降落航天飞机，那里有一片巨大的盐滩。操作熟练之后，我们开始在4 572米长的跑道上降落。

我们希望实现的是从哪里起飞就在哪里降落，所以我们在肯尼迪航天中心修了4 572米长的跑道。爱德华兹基地的跑道在沙漠里，所以就算滑出跑道边缘也不算太糟。肯尼迪航天中心的跑道就没有这么多余地了，因为附近都是水，水里还有鳄鱼。

要想在爱德华兹基地着陆，需要在航天飞机经过澳大利亚时就进行点火脱离轨道。电脑会计算出什么时候点火才能让你在指定地点降落。但是只要准备充分，你就可以在任何长而直的平地上着陆。至于在洛杉矶排水沟里着陆，我不太确定沟是不是足够长。

航天飞机有可能在世界上任何地方被迫脱离轨道。我们识别了全世界所有的跑道，航天飞机上带有一本书，里面画了所有跑道的图表，就像是一大本图画书，显示了跑道朝向之类的所有信息。

---

[1] 编者注：节是一个专门用于测量船速的单位，1节表示每小时1海里（1.852千米）。

宝宝的第一本

航天器紧急着陆

来自《一切都会掉下来》的作者

如何找到一个能让航天飞机着陆的地方

问：如果我不太会用电脑，能靠猜吗？我能不能在澳大利亚上空的某个地方点火，指望它把我带到大致合适的地球上的区域，然后我在飞机下降的同时往窗外看，寻找好的着陆地点？我有多少随机应变的余地？

答：余地还挺大的！我们会飞"S"形的大转弯来逐渐降低动力。如果我们少飞几个弯，就能飞得更远。距离目标越近，留给你改主意的余地就越小。但凭感觉着陆也不是完全没有可能的。瞄准一个大概区域，边看边飞，估计还有戏。

当初开航天飞机的前身 X-15 飞机时，飞行员会努力让试飞持续尽可能长的时间。尼尔·阿姆斯特朗有次在帕萨迪纳上空落得太低了，最后只能在错误的湖床上着陆。幸好他安全降落了。

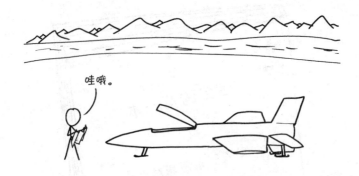

如何从飞机外面让飞机着陆

问：如果我被锁在了飞机外面，但我能爬来爬去，手动调节飞行控制装置，我能让飞机安全着陆吗？

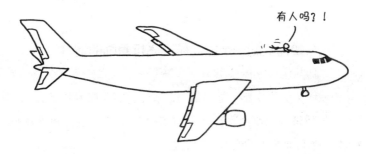

答：飞行员会走到机翼上，偶尔还会有人去机翼上修东西。对于老式的慢速飞机来说，风速比较慢，人能站在机翼上。你可以利用自己的体重来操控飞机，把你的身体挪来挪去，就能控制飞机往哪儿飞。如果你往右移，飞机就有可能开始向右转。

如果你能和机舱里的乘客对话，可以试试让他们往前或往后跑，以便你稍稍控制一下飞机。

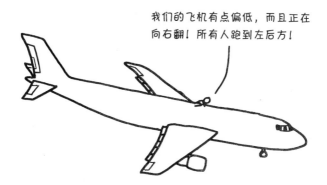

但如果你想机械地操控飞机，就要去机尾。在机翼上只能控制横滚，不能控制航向和俯仰。横滚很重要，但航向和俯仰更重要。在机尾，你能控制航向和俯仰。

问题在于，你没法用手移动这些控制表面。没人有那么大的力气，如果你是绿巨人，也许能用一只手在机尾前部找到支撑，再用另一只手扳动方向舵，这样就能让飞机左转或右转。伸手下去摸到升降舵，如法炮制，就能调节飞机的俯仰角。从理论上来说，只要你技巧足够好，就能让飞机降落。

现在你不是绿巨人，但如果你更聪明一点，该做的就是找到"配平片"。配平片是尾翼边缘一小块平整的区域，用来做微调。你可以移动配平片，然后它就能移动整个升降舵或方向舵。

如何飞越英法海底隧道

问：如果我驾驶着一架很小的飞机，比如科隆邦 Cri-Cri（翼展4.9米），正飞过英国南部时，英国正式退出了欧盟。出于复杂的法律原因，我必须在法国降落。不幸的是，我是个吸血鬼，不能跨越英吉利海峡的水域。我能从直径7.6米的英法海底隧道里飞过去吗？

答：能。但是7.6米的直径和4.9米的翼展摆在一起，意味着如果你飞在中央的话，两侧的最大距离只有1.35米。你最多爬升1米左右，机翼就会撞到混凝土（你可以算一下）。最难的地方可能是如何躲过海底隧道进出口上悬挂的电线。而且，隧道里会很黑，所以你的飞机最好装个灯，或者请求海底隧道好心的工作人员把里面的灯都点亮。不过，为了目的地机场里美味的牛角包和咖啡，这么做说不定也值得。

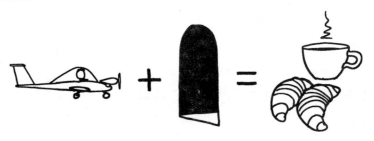

如何挂在起重机上着陆

问：如果我驾驶一架有尾钩的飞机，飞过工地上一台大号起重机，我能不能先朝一侧横滚，用钩子挂住起重机垂下来的缆线，然后等到机身的摇摆停下来，再让起重机操作员把飞机轻轻地放到地上？

答：可能吧，如果你特别走运的话。飞机经常被电线挂住之后幸存，这时候机组成员就必须用吊车把它吊下来。但带尾钩的飞机的惯性很可能太大，起重机的缆线撑不住甚至会被扯断。而且就算机身的一侧被钩住了，有什么东西能阻止飞机滑下来摔到地上呢？我宁愿选择电线，但愿不会撞到错误的电线而被电死。

如何爬出你的飞机并爬进一架有更多燃料的飞机

问：如果我和我朋友各开一架小飞机，经过一片满是鲨鱼的海域，而我的飞机燃料快用光了，但我有个降落伞。我的朋友在我旁边飞行，我能爬出我的飞机，再爬进他的飞机，然后驾驶那架飞机降落吗？

答：如果是开放座舱的双翼飞机，也许可以。你可以调节对飞机的控制，让它不用操控也能平飞，然后让你朋友驾驶飞机靠近你。这时候你爬到机翼上，伸手抓住对方的机翼，爬进人家的座舱。他的飞机必须是开放座舱，这样你就不用打开座舱罩或舱门，还得是双翼飞机，这样可以把支柱当作扶手。如果你直接跳出飞机，你的朋友要趁你挂在降落伞下面飘的时候，一把将你拽过来。要不然，你就会变成鲨鱼的午餐。

如何让运输机上的航天飞机着陆

问：假如我正乘坐航天飞机，而航天飞机正被运输机载着。运输机处于自动驾驶的状态，但驾驶员突然决定退休，并跳伞逃走了，那我该怎么办？我猜，如果有降落伞的话，我可以从航天飞机的出口阀跳伞，但如果没有伞呢？我是应该试着让航天飞机和运输机分离，还是从航天飞机爬到运输机里去？

答：航天飞机最早的飞行测试就是在运输机上进行的坠落测试。所以我会先等着，等到抵达适合滑翔的跑道内，再启动运输机的分离装置，使劲往后拉以免撞到运输机的尾翼，然后滑翔降落。这简直就是小菜一碟。

运输机的控制台没有人，上面载着航天飞机，你被困在里面。你会怎么做？

启动分离装置，往回拉以免撞上尾翼。

什么时候你才会问到有难度的问题？

如何驾驶国际空间站着陆

问：如果国际空间站脱离轨道的时候，我不小心被独自落在了里面，我该怎么办？我知道大型物体不受控制地进入大气层时，偶尔也能保持完整。如果我找到了一个降落伞，我该躲在国际空间站的什么地方，才最有可能存活到可以跳伞的时候？

答：你最好找一块又钝又重的金属，还需要氧气供应。最佳方案是钻进俄罗斯的"海鹰"式宇航服（你自己穿上很容易）并启动它，从而获得气压、冷却和氧气，在上面临时加装一个降落伞，然后进入多功能货舱模块。把你自己绑在靠近中央位置的最粗的金属上，这个位置的地板下面有最重的东西，像电池和结构组件什么的，还对应着太阳能板的连接点，然后等着看看会发生什么。但是……生存概率很低，几乎为零。

也许该带上你的念珠，至少还能让自己乐观一点。

如何卖掉飞行途中飞机的零件

问：假如我打算让一架飞机降落，但我想先在 Craigslist 网站上卖掉尽可能多的零件。我觉得运费太贵了，所以我理想的运输方式，是在着陆前先把这些零件从飞机上拆下来，路过每个买家的房子时从飞机上丢下去。在保证安全降落的前提下，我能卖掉多少飞机零件？

答：所有的食物。所有的座椅。但是你一定要把飞机的重心保持在一定限度之内。如果重心太靠前了，那飞机就变成了飞镖，不管你再怎么用力向后拉操纵杆，它都会头朝下掉下去。如果重心太靠后了，你的飞机就会变得非常不稳定。一定记得卖掉飞机上所有的行李。行李舱里所有东西都是有人花了钱要运输的，所以它们大多都值点儿钱。

如何让坠落中的房子着陆

问：当"联盟号"这样的太空船返回地球的时候，一旦打开了降落伞，就会失去控制，你曾经将这个阶段形容为"像多萝西的房子一样掉下来"。在《绿野仙踪》里，当多萝西醒来发现她的房子坠向奥兹国时，她能做些什么来控制她的下落？如果多萝西看向窗外，发现了下面的女巫，想躲开她、砸中她，或是瞄准另一个人，她该怎么办？

答：我想她可以试试跑来跑去，打开房间里朝着不同方向的窗户和门，看看改变气流能否在一定程度上控制空气动力。但我觉得这不是件容易事儿。

如何让货运无人机着陆

问：假设我被一架出了故障的四轴货运无人机抓走了，无人机用运货臂钩住了我的外套，正朝着大海飞去。我能把钩子解开，爬到无人机机体上面去，但我要怎么做才能让它轻轻地降落，而不是坠毁呢？

答：无人机是用电池供能的，所以如果我是你，我会把电池拆出来，让无人机往下掉一点，再把电池使劲按回去，如此反复尝试，直到我能判断出安全的下落距离，然后选一个好时机跳下去。最好是等它刚刚进入海域，还在浅水区的时候。

如何让大鹏鸟着陆

问：最后一个问题。我知道这可能超出了你的专业领域，但如果我被一只神话里的大鹏鸟抓住了，我应该怎样逼它把我放下来，但又不是直接把我丢下去呢？

答：最好的方案，是把它当成一架巨大而愤怒的悬挂式滑翔机。如果你能把自己的身体甩到一侧去，大鹏鸟就会不得不往那个方向转弯。如果你能想办法把身体甩到前面，那它只能俯冲。如果你力气足够大，就可以在一定程度上操控它，它就像一架不肯合作的大滑翔机。

如果你身边有什么东西，比如帐篷或者很多衣服，你就可以做另一件事——撑开一个"降落伞"。光是降落伞额外的阻力，或者任何悬挂在它下面的东西的阻力，就足以把一切想飞的动物烦死。如果你是在玩跳伞，打开你的降落伞。你肯定还是有备用伞的。

如果你有武器，可以试着用它削大鹏鸟的翅膀。这就看你愿不愿意主动进攻了。

但你可能应该打心理战。它想要什么？你有食物吗？你肯定不希望它被搞得很烦然后直接松手。你要鼓励它，让它愿意一直带着你。我想我会努力爬到它身上，找一个它没法把我甩下来的地方。如果能爬到它背上抓牢，只要你抓得足够紧，它就够不着你，就像背上永远挠不到的虫子。但如果你想改变它的飞行计划，那你要么使用自己的体重，要么运用你的心智。我不知道什么东西能鼓励一只大鹏鸟。

兰道尔： 感谢您愿意回答这些问题。

哈德菲尔德上校： 感谢你这些……有趣的……问题。我希望没人会用到我给出的答案！但是如果你用到了，请告诉兰道尔，方便他更新这本书的内容。

06 如何过河

人类喜欢住在河流附近，这意味着我们经常需要过河。

最简单的过河方式就是涉水——这其实相当于我们要假装河不在那里，乐观地一直往前走。

人类通常会找一块水浅的地方涉水过河，但就算是浅水，危险程度也可能出乎意料。有时候我们很难判断水流得到底有多快，而有时仅到脚踝那么深的水就能把人冲倒。

如果水太深而不能涉水，你可以试试游过去。但是游泳管不管用，很大程度上取决于河流的实际情况。如果河水流速太快，你就可能会被水流带到下游去，被冲进障碍物底下，或者被急流卷走。

会游泳但不是专业运动员的普通人，在水里每秒能游将近1米。这一速度要比某些河的流速快得多，又比另一些河慢得多——流得慢的地方仅每秒十几厘米，流得快的地方则会超过每秒10米。

如果河流是一段理想的区域，水以恒定的速度沿直线前进，那么你游过去所需的时间就很容易算出来了，因为你可以直接朝着对岸游而忽略水流。流速更快的河会在途中把你往下游带得更远，但是你抵达对岸所需的时间不会变。

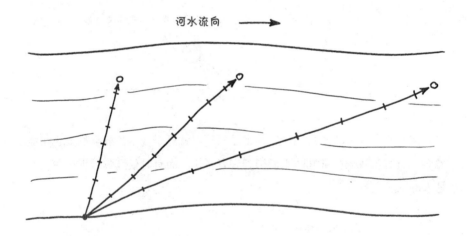

很不幸，现实中的河流并不会以统一的速度流动。水在中间的流速通常比边缘更快，靠近水面的地方比水底更快。水流动最快的位置一般是在河流最深处的上方、略低于水面。如果是一条平滑、均匀且沿直线前进的河流，速度分布大概是这样的：

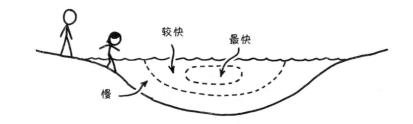

如果河床有宽而平坦的区域，也有深沟槽，那流速分布有可能是这样的：

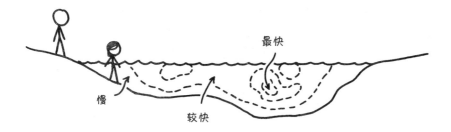

如果你想游过这样一条河，路线看起来就复杂多了。更何况，真正的河流并不会沿着直线前进。河里有逆流、漩涡，水流来回移动。如果你真的在河流里，流水可能会不停地推着你远离河岸，也可能会把你吸到河底，或者带着你流向下游，从瀑布上摔下去。

听起来好危险啊！我们还是试试别的方法吧。

跳过河

如果从河中间游过去听起来不怎么吸引人，你可以试着从河上越过去。如果河不宽，最简单的办法，就是跳。

有个简单的公式，可以计算出一个物体沿对角线方向发射时，在理想情况下能飞多远：

$$距离 = \frac{速度^2}{重力加速度}$$

你能跳的具体距离，取决于你助跑、起跳和落地一系列动作，但这个公式可以帮你比较准确地评估可能的上限。按照这个公式，如果你以16千米/时的速度奔跑，可以跳大约2米远。这个结果说明，对于很窄的小溪来说，你跳过去肯定是可行的。

增加奔跑速度就可以增加跳远的距离，所以跳远冠军有时候也是短跑冠军。从某种意义上讲，所谓跳远选手其实就是短跑选手，只不过他们擅长的不是往前跑，而是短暂地往上空跑。顶尖跳远选手能跳出将近9米的距离，这需要在起跳之前靠短跑冲刺到时速30千米以上。

自行车比短跑更快。如果你有一辆不错的自行车，拼命蹬一会儿，你可以加速到时速约48千米。以这个速度，理论上你能跳过约18米宽的河。

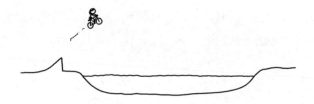

悲催的是，因为能量守恒，如果你起飞时的时速为50千米，在河对岸落地时的速度也会是时速50千米。这个速度足以让你身受重伤甚至丧命。可能在一条宽度20多米的河里试一下更安全一点。如果你想跳过宽25米的河，就会在另一侧落入水中，这对你身体造成的伤害大概比落在硬地上更小。

如果水足够深的话。

禁止潜泳

更快的车辆当然能跳得更远。一辆时速约100千米的车，从理论上说，能跳过近80米宽的河。但是，以这个速度安全降落就不太可能了。

摩托车特技车手埃维尔·克尼维尔因驾驶摩托跳过各种东西而闻名，最经典的一次是他开着一辆火箭摩托车试图越过蛇河峡谷，从法律上来说，此举被定性为开飞机。克尼维尔一生中到底摔断过多少根骨头，大家说法不一，但他成功骑摩托跳跃的次数与断骨数的比值应该不大，甚至可能小于1。

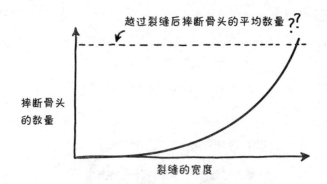

转念一想，也许你应该把跳过河这一方案留给专业人士。哦，不，专业人士最好也别跳了。

穿过河面

如果没有技术或超自然力量的帮助，人类不能在液态水的表面行走。

网上有些火爆的视频，拍的就是人们跑过水面、骑自行车或开摩托车穿过水面。所有这些把戏背后的基本原理都很简单：如果你跑得够快，碰到水面的时候就能滑水滑过去。这些视频之所以能火，是因为它们看起来至少有点可信。除非骗局的始作俑者自己说实话，或者交给流言终结者，否则视频的真实性会一直存疑。

以下是关于哪些把戏是真、哪些是假的简单整理：

火爆视频里穿越水面的方式

	假	真
跑步	✓	
自行车	✓	
摩托车		✓
雪地车		✓

玩赤足滑水的人都知道，要想保持在水面上不落水，需要你的脚步移动时速相对于水的时速维持在50千米至60千米。就算是尤塞恩·博尔特的脚，冲刺的时候也不会这么快[1]。

自行车也行不通。你都不用去试，问问有经验的骑行者就知道。他会告诉你，自行车和汽车不一样，一般不会有水漂现象。自行车可能会在潮湿的路面上打滑，但是因为轮胎形状是弯曲的，会把水往两侧推，所以自行车胎不会失去和地面的接触而在水膜上"冲浪"。

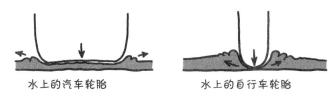

水上的汽车轮胎　　　　　水上的自行车轮胎

摩托车的轮胎更平，还有花纹，与汽车类似，它们可以在水上漂。流言终结者还非常有力地证实了摩托车可以驶过短距离的水面，但那就把我们带回埃维尔·克尼维尔的领域了。

当然，还有一些载具专门被设计成可穿过水面。如果你有一艘船，那这是一个完全可行的方案。事实上，有些河流里长期会有船停驻并在两岸往返，以搭载渡河的人。

其他物态

虽说人类不能跑得比河流快，但这句话其实不完全对。人不能跑过流动的河流，但水有其他的形态。让我们看看水的其他物态，如果我们把河变成这些状态，

---

[1]　如果你想靠跑来停留在水面上，那在原地跑其实更合理，这样你的脚步相对于水面的速度会更快。体重比较轻、脚比较大的赤足滑水者，必须保持时速约50千米才能停在水面上，这比最快短跑者的时速还快了10千米。所以靠跑步来过河大概是不可能的，但是我们无法完全确定，除非有人找来一个体重轻、脚板大的短跑冠军，然后一边让他原地跑，一边把他缓慢放进一池水里面。祝你申请科研基金顺利！

或许能让渡河变得更容易。

冻结

要想冻上一条河,你需要一些制冷设备和能量来源。

结冰过程中涉及的能量问题,可能会让人误入歧途。严格来说,把水变成冰不会消耗能量,因为水结冰的时候,会释放能量。

既然烧水需要能量,让水结冰又会释放能量,那我们的冰箱为什么还会耗电,而不是发电呢?

答案是,水里的热量并不愿意离开。热能会天然地从暖的地方流到冷的地方。把冰块放进热饮料里,热量就会离开饮料,流向冰块,导致冰块变暖、饮料变冷,令二者走向平衡状态。热力学第二定律指出,热能总是沿着这一方向流动,从来不会出现冰块自发地加热饮料而让自身变冷的情况。要把热量从冷的地方搬运到热的地方,逆着自然的流向而行,就需要一个热泵,而热泵又需要能量才能运作。

所以，如果你想让河流散发热量，降低河流的温度直到它结冰，你就得做功。

我们可以用市售制冰机的数据来估算一下，要把一整条河靠制冷的方式冻成冰，需要多少能量。美国能量效率与可再生能源办公室的指南里写到，市售制冰机的能量消耗，可默认为每制造100磅冰（约45千克）需要5.5千瓦时（kW·h）的电。流经托皮卡的堪萨斯河段，春天正常的水流量大约是200立方米/秒。照此估计，大约需要87吉瓦的功率。

$$\frac{5.5 \text{kW} \cdot \text{h}}{100 \text{lb}} \times 1\frac{\text{kg}}{\text{L}} \times 200\frac{\text{m}^3}{\text{s}} \approx 87\text{GW}$$

87吉瓦是很高的功率[2]。它相当于重型运载火箭起飞时的能量输出。要给你的制冷设备提供能量，也需要一台差不多大小的发电机，还要消耗很多燃料。事实上，燃料进入这台发电机的流速差不多是8.5立方米/秒，接近河流自身流速的5%。

换句话说，你的制冷设备需要一条"汽油河"来浇灌，这条河的大小与你要冻上的河流数量级差不多。

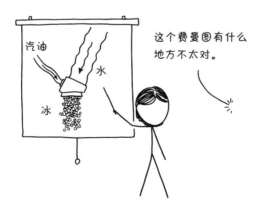

这个费曼图有什么地方不太对。

---

[2] 足够去往未来71次。

但也许有个办法可以绕开这个问题。你不用把整条河都给冻上，冻住河面就可以了。

一般的原则是，河上的冰要有10厘米厚，才能让人安全行走。堪萨斯河大约有300米宽，所以桥要有300米长。如果我们想做一架60米宽的冰桥（以免它弯折、断裂），那它大约要有2 000吨重。冻出来这么多冰，需要330兆瓦时的电力，花费约5万美元（还不包括制冰机的费用）。

煮沸

我们已经考虑了固态和液态。那气态呢？你能不能在上游安装机械，把河从液态变成气态，然后直接走过干河床？

不，你不能。但是让我们看看为什么不能。

首先，你得想办法给水加热。显而易见，你不能直接用普通的水壶。相反，你需要——

等等，为什么这是显而易见的？

好。如果你想用普通水壶来把堪萨斯河煮沸，可以试试以下方法。

通常一个水壶能装1.2升水。水的比热容非常高，要花很多能量才能提升它的温度。但是要把它从热水变成蒸汽，所需的能量更多。把1升水从室温加热到100摄氏度需要约335千焦能量。把这些100摄氏度的液体推过液气边界，变成100摄氏度的水蒸气，需要高得多的能量：2 264千焦。

你在烧水的时候很容易看到这一效应。大部分电热水壶[3]只需要4分钟就能把水烧开。但如果你把电源关掉，大部分水还在那里，虽然处在沸腾的温度，但还是保持液态。如果你想把水彻底煮沸，也就是完全变成水蒸气，还需要继续加热，总计大约30分钟。这比煮沸所需的4分钟可长多了。

堪萨斯河的流速大约是200立方米/秒，换算一下约为每分钟1 000万个水壶的水量[4]。每个壶烧1.2升水需要30分钟，所以你要让3亿个壶同时运转来把河水烧开。

假如一个电热水壶的底座是直径18厘米的圆形，那么每平方米大概能放下30个壶。

3亿个水壶会占据直径3.4千米的圆形区域。要想把河水烧开，你得把它分成很多份，然后导流到"水壶田"的不同位置。每个水壶会把流进来的水煮沸，直到水蒸发完，新的河水再流进来。

以下是这个方法在理论上的执行方式：

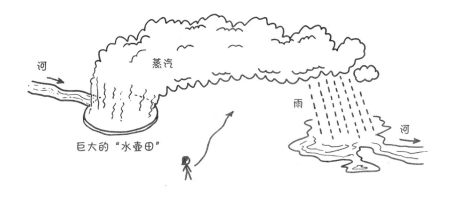

---

[3] 在美国，大部分电热水壶和大部分电吹风机一样，功率上限是1 875瓦。这是因为如果它们的功率更高，就没有办法安全接入15安培的美国家用插座了。

[4] 10兆壶。

而下面是这个方法带来的实际结果:

你的电热水壶消耗的电力相当于全美其他地区的总用电量。凭我们的输电网,无法把这么多电力像这样集中在一个地方。

也许这才是更好的结果。因为如果你这么做了,不会有好下场。

把水煮开会产生热蒸汽,而蒸汽会上升。厨房里只有一个水壶的话,不会有什么问题。蒸汽上升,撞到天花板,四处散开,最终消失。

从某种意义上来说，你的"水壶田"也会发生这样的事情，但是会更……极端一点。蒸汽柱会一直堆到平流层，四处散开并形成一朵蘑菇云，就像火山喷发或者核弹爆炸一样。当空气上升时，更多的空气从侧面涌进来填补空间。当炉灶上只有一个水壶的时候，你可能不会发现这一点，但"水壶田"附近的堪萨斯居民绝对会注意到。风拂过地表，从四面八方吹向水壶，最终聚拢在冉冉升起的蒸汽柱底部。

底部的情况可不怎么妙。水壶会吸收巨大的电能，再把它们以蒸汽和热辐射的形式释放出来。"水壶田"的总能量输出将会比几千米宽的岩浆湖的热量还高。

热量面前，一律平等。一条经验规则是，任何东西如果能产出和岩浆湖相当的能量，那它就会变成一个岩浆湖。你的水壶会因过热而坏掉，然后熔化。

就算你想办法找到了防火、耐热的水壶和电线，水壶加热下层蒸汽的速度会变得过快。流入的热量会比靠对流散失的热量更多，所以蒸汽的温度会持续上升。如果你的"水壶田"运行得够久，蒸汽有可能会从气态变成等离子态。

以下是你试着渡河时会发生的事情：

当你走过河床的泥沙时，你会看到左侧升起一团巨大的蒸汽柱，散发出大量的热，它的底部是一片发光的岩浆湖。一阵强风沿着河床从你的右侧吹过来。此刻，风还能给你降温，但是如果风太大，可能会把你往岩浆湖的方向吹去。你的上方落下一阵细雨，把地面变成了温暖的泥浆。全美电网一起把能量输送到你的岩浆湖里[5]，头顶的电线噼啪作响，火花四溅。

到了这个时候你会意识到，你其实根本不需要给水壶通电。灌满所有水壶需要30分钟，你完全可以用这段时间让一部分河水流干，然后直接走过去。

---

[5] 等你把壶拿走的时候，它们留下的坑会被河流填满，形成一个暂时的壶穴湖（大概有四个冰川水文学家刚刚笑了）。

但那样的话可就远远不如现在这样好玩了。

风筝

如果你没有3亿个水壶的话[6]，还可以试试用风筝渡河。

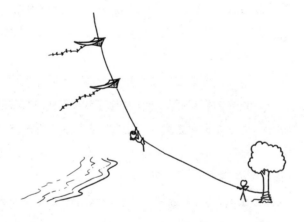

　　风筝在渡河史上其实还真占有一席之地。当年，工程师想在尼亚加拉瀑布下游的峡谷上修一座悬索桥，这首先要把一根缆索从悬崖的一头递到另一头。

---

[6]　出于某些原因。

为了想出把缆索递过河的点子，他们头脑风暴了一番。大家考虑过驾驶一艘渡船拖着缆索过去，但是水流太急，船没办法在渡河的时候不被冲到下游去。峡谷太宽了，箭射不过去，他们也考虑过用大炮和火箭，但最后都否决了。最后，他们决定举办一场放风筝比赛，谁能把风筝从峡谷的一头放飞到另一头，谁就获得10美元奖金。

经过几天的努力，15岁的霍曼·瓦尔什成功地跨越了峡谷。他的风筝从加拿大那一侧出发，设法挂在了美国那一侧的一棵树上，最后赢得了奖金。桥梁工程师们用风筝线把一条更粗的线拉过了峡谷，经过几次往复，一根2厘米粗的缆索最终将两个国家连在了一起[7]。然后，他们在峡谷上拉了更多的缆索，造了两座塔楼，最终建成一座悬索桥。

当然，如果你打算走霍曼·瓦尔什的路子，可以不要中间商，直接把你自己挂在风筝上飞过去。在19世纪末和20世纪初的时候，人们曾经短暂地探索过载人风筝，不过，飞机的问世抢了它的风头。

---

[7] 1848年7月13日，《水牛城商业广告报》的头条是"瀑布事件"，下面是一则突发新闻，报道一只非常可爱的菲比霸鹟在蒸汽游船"雾中少女号"的桨轮附近筑了一个巢，已经连续几年成功养大一窝雏鸟。我爱老报纸，真希望我的手机上也能收到类似的新闻推送。

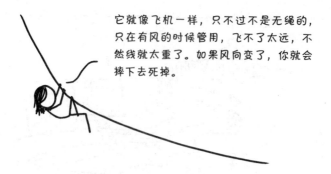

它就像飞机一样，只不过不是无绳的，只在有风的时候管用，飞不了太远，不然线就太重了。如果风向变了，你就会摔下去死掉。

当然，不是每一次载人风筝飞行的结局都是因风向变化而悲催地摔下去。有时候，它们摔下去是出于完全不同的原因！

1912 年，波士顿的风筝制造商萨缪尔·珀金斯正在洛杉矶测试载人风筝。正当他在 60 米高的空中翱翔时，一架路过的双翼飞机切断了风筝线。神奇的是，飘舞着坠落的风筝发挥了降落伞的作用，珀金斯幸运地生还，只受了轻伤[8]。

载人风筝飞行的最常见结果

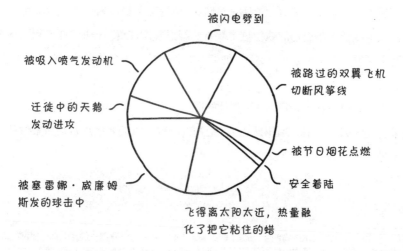

---

[8]　那架飞机的机翼也受损了，但驾驶员得以安全着陆。

，可以说，拴在线上的气
球，□□□□□□□□□□□□上的风筝"想要"贴着地
面躺□□□□□□□□□□倾斜角度，是两个力妥协
的结□□

风的升力

线的角度

重力

与□□□□□□□□□□往侧面拉。最终的角度
也是这□□□□□□□□□风筝会越来越靠近垂直
方向，□

一旦飞过了河，你面临的挑战就是从风筝上下来，但这很简单。这一次，重
力总算站在了你这一边。只需要让那些把你挂在空中的东西，不管是风筝、气球，

还是别的什么玩意儿飞得不那么好，剩下的事情交给重力就行了。

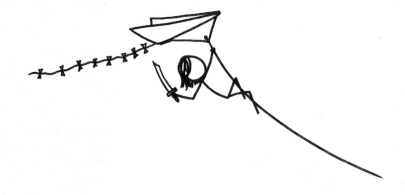

07　如何搬家

你已经选好了新家的地址，现在你需要把所有的东西都挪过去。

如果你的东西不多，搬得又不太远，那就很容易。只需要把你的东西装进大袋子里，背着它从旧家到新家就行了。

所以，这就是你所有的
物质财富了吗？

是。老实说，这袋子里90%的
东西都是不知道干啥用又不敢
扔的连接线。

很不幸，如果你东西非常多，那搬家就很费事了。在搬家过程中的某一瞬间，很多人会看一眼他们所有的东西，意识到搬这些东西会有多麻烦，又想到把所有东西扔进坑里然后一走了之要省事儿得多。这毫无疑问是一个可选项！如果你决定采用这个办法，请参阅第3章——如何挖一个坑。

否则，你就要把你的东西打包整理。大部分人选择的标准打包方法，是把所有东西都放进箱子里，然后把箱子搬到房子外面。

任务还没结束，除非你打算搬到你的院子里。你只是把东西挪了十几米而已，可能还剩下几百千米的路途（这取决于你要搬到哪里去）。所以，要怎么把东西搬过去呢？

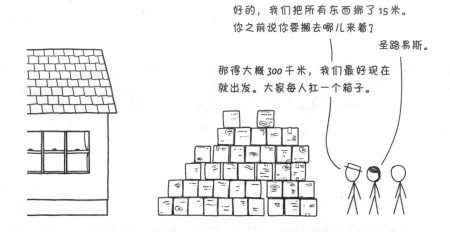

人力扛东西也不太靠谱。按照经验来说，典型美式四卧住宅里所有的家具和物件加在一起，约有 5 000 千克，如果你能扛着约 20 千克重的东西步行，这就意味着你要在新家和老家之间往返 250 次[1]。如果你叫上 3 个人帮你搬，每天能走约

---

[1] 你可能还得把你的冰箱锯成几块才能扛得动。

16千米[2]，那搬完家需要7年。

如果你能一次性把所有东西都搬上，搬家就容易多了。好消息是，在无摩擦的真空环境里，平着推东西一点也不费力。如果你要往低海拔的地方搬，那搬家需要的功实际上是负的，你还能反过来获得能量！坏消息是，你并没有生活在无摩擦的真空环境里，大部分人都不是，虽说住在这种地方能给搬家带来显而易见的好处。

这个没有空气的圆顶看起来很棒，不知道为什么卖这么便宜。

房地产的三大原则：地点、地点，以及带有可控移动表面的有氧大气层。

在有摩擦力的世界里，搬家是要做功的。你那将近5 000千克的东西很沉，推动它们平着移动也很费力。地面施加的阻力很好算，就是你的箱子和地面之间的摩擦系数乘以箱子的重量。想估算摩擦系数，我们可以看看要往上抬多大角度才能让它向下滑动，然后计算出这个角度的反正切。

---

[2] 平均来说，你回程的时候能走得更快些，因为不用负重走路了。

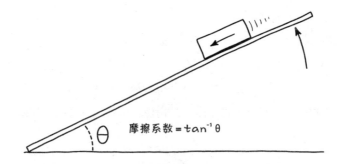

$$摩擦系数 = \tan^{-1}\theta$$

　　一个在水泥板上滑行的箱子，其摩擦系数差不多是0.35，这意味着我们需要相当于1 750千克的侧向推力，才能把箱子在地面推动。这对一个人而言实在太难了，相当于15人的顶级拔河队伍[3]共同发力。不过，一辆稍大点的皮卡可以做到。

好的，继续推！

　　把5 000千克的重物推300千米远，需要约5吉焦耳的能量，这大概是典型美式住宅60天所消耗的电力。如果你是用顶级拔河队的话，那相当于600份含2 000大卡的每日口粮。5吉焦耳听起来很多，但其实没那么多，只需150升汽油而已。

　　就算你的皮卡足以把你全部的家产推到美国的另一端，这可能也是一种糟糕的搬家方式。纸板擦着地面走会逐渐被磨平，你的家产也会被逐渐研磨成粉。

---

[3]　没错，确实存在"顶级拔河队"。拔河这项运动也比很多人以为的更危险，想看更多可怕的细节请登录what-if.xkcd.com/127。

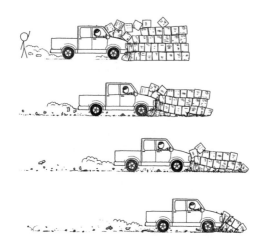

你可以用某种抗磨的硬质材料做个雪橇，再把全部家产摆在雪橇上，就能大大改善上述状况。但你还能做得更好，不妨在雪橇下面加些滚子，让它们跟着一起滚。现在，再加上一条轴，这样你就不需要一直在前面放新滚子了。恭喜，你发明了轮子！

到这个份儿上，你相当于重新发明了搬家卡车，这也是搬家的标准方式。但把所有东西打包还是很费工夫的。如果你坚决反对把东西打包[4]，还有另一个选项：

[4] 也拒绝雇搬家公司的人帮你打包。

把整个房子搬走。

搬家而不打包

挪房子没什么稀奇的。有时候，挪走一幢房子是为了保护它的历史价值。有时候，把空房子挪过来要比重新盖个新房子更便宜。有时候，有人决定挪一幢房子，如果他们不差钱，就可以直接去挪，根本不用解释原因。

房子很重，一幢房子可比里面所有东西加在一起还重得多。房子的重量依情况不同差异很大，但包括地基在内，可以按1吨/平方米左右来计算。不考虑地基的话，房子就轻多了。普通大小的单层独栋住宅约重70吨，加上混凝土地基和混凝土地板的话，可能有160吨。

把房子抬起来很难，不只是因为重量。房子给人一种很结实的感觉，但它其实没你想象的那么坚硬。有些工人把抬房子比作抬起一张特大号双人床垫，如果你想从它的一个角开始，那么只有这一个角会被抬起来。

要想抬起一幢房子，一般来说，你得在地基里打出洞，在房子底下放好"工"字钢梁，并与房子的承重部分对齐。把这些钢梁抬起来，就连房子一起抬起来了。

"工"字钢梁

但你首先要把房子和地基分开，这意味着你要移除地基和房屋框架之间所有的"飓风拉条"。这些拉条放在那里，就是为了阻止飓风做你现在正打算做的事情[5]。

等你把房子从地基上抬起来，你就需要找辆车把它放上去。平板大卡车是最受欢迎的选择。然后，你就可以开着卡车载着房子去新家，如果路面足够宽的话。转弯的时候最好别太急。

开房子比开车难[6]。除非你的房子特别轻又特别符合空气动力学，否则你的油耗会大增。在这种情况下，1升油大概能让你的车跑多远呢？我们可以用些基础的物理知识来估算。现代内燃发动机能把大约30%的输入燃料能量转化成有用的功。以高速路上的车速来说，发动机大部分的功都是用来对抗空气阻力的，所以要计算你的汽车会用多少油，只需要把你房子的参数代入阻力公式（除了气流之外，还会有其他阻力来源，所以这大概只是最乐观的估计）。

---

[5] 如果你的房子没有飓风拉条，没准还能省些力气。如果能等得足够久，可能会有飓风或者龙卷风过来帮你搬家。

[6] 一方面，侧方位停车会让你超级头疼；另一方面，并道的时候，别人更可能让你先过。

$$油耗 = \frac{汽油的能量密度}{\frac{1}{2}\,空气的密度 \times 房屋横截面积 \times 阻力系数 \times 速度^2}$$

$$= \frac{35\,\frac{MJ}{L} \times 30\%}{\frac{1}{2} \times 1.28\,\frac{g}{L} \times 5.4m \times 10.8m \times 2.1 \times (72kph)^2} = 0.32km/L$$

我特别喜欢的一件事是，我们能问物理学很多荒谬的问题，比如"我的房子开在高速路上的油耗是多少"，而物理学不得不回答我们。

随着速度加快，阻力会快速上升。如果你时速72千米，耗费1升油能跑0.32千米。时速如果上升到88千米，只快了一点点，1升油就只能跑0.21千米了。如果你开着房子上了不限速的德国高速路，以时速128千米行驶，那1升油只能跑0.1千米，每100千米要烧掉1 000升油。

开房子的时候大概不应该开这么快，因为时速128千米的风足以把你屋顶的重要零件吹跑。就算你没有超速，警察可能也不会喜欢乱开房子的人[7]。

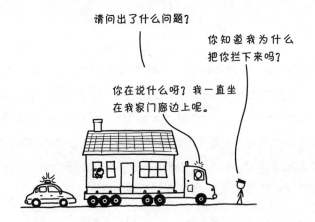

请问出了什么问题？

你知道我为什么把你拦下来吗？

你在说什么呀？我一直坐在我家门廊边上呢。

[7]　要想在高速路上运房子，你通常需要申领一个特殊的"宽载"许可证。如果你搬家是基于一个漫画家写的书里的指南，那你很可能是没有去申请。

如果你真的被警车截停了，你可以试着宣称你坐在房子里，而警察没有搜查令是不可以进房的！在美国，警察可以基于"合理根据"来搜查车辆，但不能据此搜查私人住宅。这简直是完美犯罪！

对此，法律系统可能不同意。在1985年"加利福尼亚诉卡尼"一案中，最高法庭判决，移动住宅和房车就算是停靠状态，也应算作车辆，警察不需要搜查令就可以搜查。他们认为，是否"可移动"和"适于上路"可以作为判断一个东西是否为车辆、是否可以搜查的关键因素。

拥有"快速移动"的能力显然是卡尼一案中裁决的关键，而我们一直承认，快速可移动性是车辆得以例外的最重要根据之一。

——《加利福尼亚诉卡尼案》，471卷，第386页（1985年）

据我所知，还没有哪个法庭针对"平板卡车上运输的房子是否适用于车辆例外"这一问题做出裁决，但请注意，你的法律依据可能并不牢靠。

飞屋

也许你在规划行车路线的时候，发现了一些障碍，比如立交桥限高，或者路面太窄。也许你不想去申请宽载许可证，也许你太赶时间，开车来不及。如果遇到这种情况，你可以试试飞过去。

空运整栋房子会遇到一些挑战。世界上最强的直升机可以运载10吨至25吨的货物。这足够装载中等大小房屋里5 000千克的物品，但装不了房子本身。

如果一架直升机抬不起房子……多来几架行不行？如果你让好几架直升机都吊着你的房子，然后同时起飞，能成功吗？

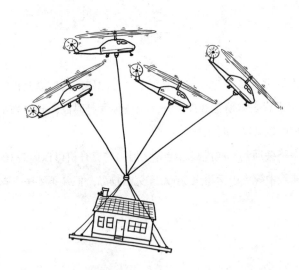

多架直升机同时搬运货物会遇到几个问题。直升机必须往不同的方向拉，才能避免撞在一起，但这就会降低它们的整体运载力。另外，它们还必须小心协调，以免碰撞。不过，你只要用硬质框架把直升机连在一起，让它们变成一架飞行器，就能同时解决这两个问题。

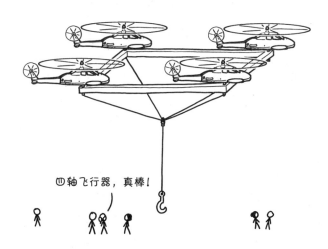

四轴飞行器，真棒！

这个点子听起来十分荒谬，但美国军方还真在"冷战"时期研究过。在一份178页的报告中，他们分析了通过复杂的工程技术创造超级载重直升机的可能性，也就是将两架直升机粘连在一起。这一项目[8]从未付诸实践，可能是因为工程示意图看起来特别像交配中的蜻蜓。

复合直升机重型运载系统（1972年海军可行性研究）

[8] 项目代号真的应该改成"直升蜻蚣"。

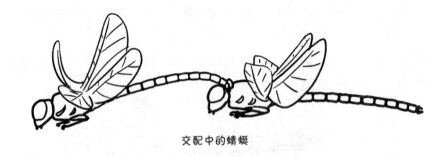

交配中的蜻蜓

　　货运飞机的载重量比直升机更大。像C-5"银河"运输机这样的大飞机，载重量差不多有120吨，足够携带中等大小的房子，如果房子更小的话，说不定连地基都能带上。房子的尺寸可能比重量更成问题，大部分房子都太大了，装不进C-5的货舱。

　　有几架鲸鱼形状的特殊飞机，被用来装巨型货物。那些最大的飞机，比如波音"梦想运输者"和空客"白鲸XL"，是用来在建造其他飞机时往返于不同工厂之间运输零件的。如果你有礼貌地请求，也许空客或者波音愿意借给你一架用用。

　　如果你的房子装不进飞机里面，你可以试试把房子装在飞机上面。美国国家航空航天局就是这样远程运输航天飞机的：使用一架定制的波音747，把航天飞机装在它背上。

　　为了携带航天飞机的轨道器，这架运载飞机有个特殊的装载架从机身顶部伸出去。这个架子正好装进航天飞机轨道器底部的一个凹槽里。架子边上有块指示板，上面写着航天工业历史上最好笑的一个笑话：

轨道器连在这里

注意：黑色的一面向下

　　别忘了，把你的房子安在运载飞机的外面，就意味着它要承受时速800千米的强风，这远远超过了大部分建筑被设计时能抵抗的最大风速，可能也会影响飞机的飞行。

用飞机搬家还有另外一个问题。货运直升机可以垂直起飞、垂直降落，但飞机要搬家，肯定会撞倒好多电线杆、大树，还有邻居家的房子。如果你不住在跑道尽头的话，起飞是个大麻烦[9]。

但如果你只想把你的房子推到空中然后水平推跑，为什么需要整架飞机呢？为什么不只用推进部件呢？787梦幻客机的引擎能产生相当于32吨的推力，但自重只有约6吨，换言之，两台发动机就能把一幢小房子推上天。所以，只要合理利用这一设备就可以了。

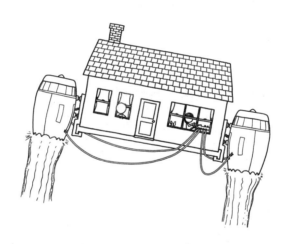

你可能会认为飞机发动机不太适合在空中悬浮。毕竟，发动机需要氧气才能燃烧，氧气需要从前面的大进气口进来。乍一看，如果不能通过向前运动来吃进空气，它们获取氧气的效率似乎应该降低。但是大部分涡轮扇发动机在静止不动的时候，效率其实是最高的。速度快了之后，发动机获取空气的效率是增加了，

---

[9] 如果你住在跑道尽头的话，我会很想知道你给房子买的是什么保险，以及你的综合车险里有没有包括"与飞机相撞"这一项。

但是这么多空气进来后产生的额外阻力，会把发动机产生的额外推力抵消。只有在特别快的速度，比如接近1马赫时，冲压效应才会让发动机的推力再度提升。

从理论上来说，两台发动机足以把你的房子送上天，但你最好还是加上第三台和第四台，以确保安全和稳定。

好了，现在你的房子在天上了。但如此悬浮着四处飞，发动机能飞多久呢？

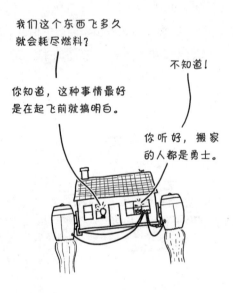

悬浮的时候，喷气发动机需要很多燃料。在海平面附近满功率运行时，每台发动机每秒钟消耗的航空煤油约有3升多。携带更多燃料能让你悬浮更久，但也意味着你会变得更沉。如果你加的燃料太多，发动机就重得飞不起来了。

要想知道这样的载具装满燃料能悬浮多久，你得用发动机的比冲乘以它推重比的自然对数。这样就能算出来，当它满载燃料出发时，能在空中滞留的时间：

$$悬浮时间 = \frac{发动机推力}{质量流速 \times 重力} \times \ln\left(\frac{发动机推力}{发动机重量}\right)$$

如果一台现代大型涡轮扇发动机悬浮在海平面附近，这个数字会略高于90分钟。加上你房子的额外重量，就意味着飞行时间一定会低于90分钟，不管有多少台发动机都是如此。如果你的水平速度限定在100千米/时左右，而搬家的距离超过150千米，那你就得中途停下来加油了[10]。

---

[10] 如果你真的在半路用光了燃料，开始下落，请参考第5章——如何紧急着陆，并直接翻到"如何让坠落中的房子着陆"。

搬进去

等你抵达新家之后，或是你的旧房子抵达新住址之后，还有好多好多要做的事情。如果你带来了整幢房子，可能需要挖一个地基[11]，如果有现成的地基，你得把你的房子牢牢固定在上面。如果你想用的地基上已经有了房子，记得先把它挪走，再放下你的房子。只需要派其他人再带一套发动机先过去，让他们对目标房屋再次实施以上步骤就行。等人家的房子上了天，把发动机开到最大，然后人跳出来。之后你就再也不用操心了，现在它是别人的问题了。

搬进新家之后，你可能需要安装一下供水、供电和供热系统[12]。如果你很有社会责任心，或者为成为新社区的一员而感到激动，最好向你的新邻居自我介绍一下。

---

[11]　参见第 3 章——如何挖一个坑。
[12]　参见第 16 章——如何给你家供电（在地球上）。

拆包

如果你把你的东西装在了搬家箱子里带来，或者在飞行途中把它们装了起来以免四处乱飞，那你还要干很多活儿。你得把家具摆好，这样才能有地方放你的东西，然后把装满东西的箱子打开，搞明白哪个东西要放在哪里。在这个过程中，你会不断试错。

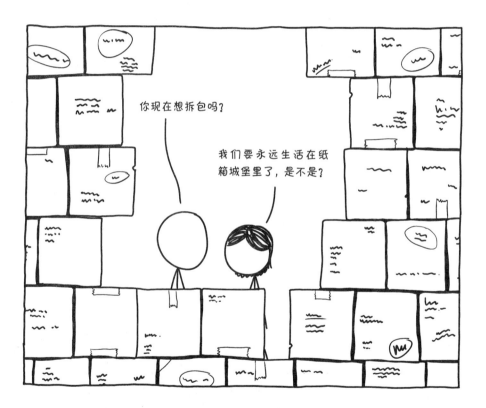

如果拆包看起来过于吓人，还有一种策略可以采取。自打人类开始从一个地方搬到另一个地方起，这一策略就一直大受欢迎：腾出足够大的地方，把床垫放

在地板上，拆开那个装了你牙刷和手机充电器的箱子，剩下的事情明天早上再去想吧。

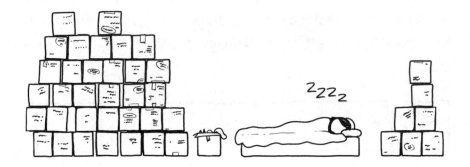

08 如何阻止房子搬家

等你住进新房子之后，通常就会希望它留在原地。

如果你担心房子会被吹跑，或者搞恶作剧的人在上面加装喷气发动机把房子送去远方，你可以用飓风拉条把房子绑在地基上。地基还可以再用长长的金属钩固定在下面的基岩上。

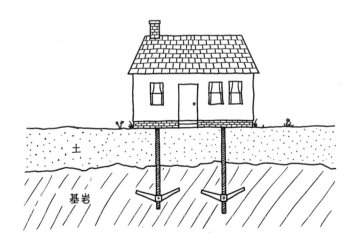

但如果基岩本身就在动，怎么办呢？

地壳板块时刻都在运动。和地球其他部分相比，北美的大部分地区都在向西移动，速度大约是每年2.5厘米。很显然，地产分界线必须随着地壳一起移动，否则后果会很严重。每年2.5厘米意味着只需一二十年，你就会失去房屋一侧的花园，却获得了另一侧邻居家的花园。

地理界线一般是和地面对应的，并不是用坐标来确定的。规则一般是，当法律最终规定某一条界线到底在哪里的时候，使用的不是一组坐标，也不是划定界线时的文本合约，而是基于合约进行首次测绘时留下的实体标记，再加上测绘员当时留下的档案记录。如果标记被移动或者损毁，根据这些记录还可以重新确定它的位置。

国际边界委员会，也就是负责管理美国和加拿大边境的组织，会定期发布边界线的经纬坐标更新，但是他们的出版物并不会改变边界线的位置，只是为大家提供更新的边界线信息。真正的边界线是由"界碑"确定的，界碑通常是花岗岩的方尖碑加上钢管，被钉进地里面，再加上照片和测绘信息。如果大地移动了，边界线也要跟着移动，而坐标就要被更新。

为了不用更新得那么频繁，不同国家和组织经常使用稍微不同的经纬度坐标系，也就是所谓的"大地基准点"，与特定的板块锚定在一起。这些坐标系会随着板块的移动而移动，彼此之间可能相差几米甚至更多。因为这些坐标系各不相同，任何经纬坐标都不可能完全准确无歧义，除非加上一大堆相应的大地基准点信息。如果你觉得这会让需要精确坐标的人感到很头疼，那你可没有想错。

使用对应于每块大陆的坐标系，政府和地产所有者就能部分解决坐标系下陆地漂移的问题，但并不能完全解决，因为有的时候，大陆的一部分会相对于另一部分而运动。

如果你的房子是在板块边界上，比如圣安德烈亚斯断层，那你的一部分庭院可能会和另一部分发生相对运动，速度超过每年2.5厘米，而界碑之间也会彼此产生冲突。你的庭院会被逐渐分裂成两部分吗？你的房子会从你的地皮上完全漂走吗？

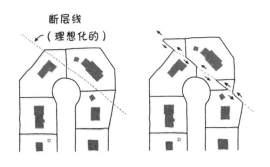

1964年，阿拉斯加地震让安克雷奇市一大部分区域偏移了约5米。为了处理由此引发的房地产问题，阿拉斯加州在1966年通过了一项法案，允许所有房地产界线重新测绘，以更新土地位置。加利福尼亚州在1972年通过了一项类似的法案——《卡伦地震法》，允许房地产所有者要求法庭重画界线，来保护所有相关方的利益。

如果你住在阿拉斯加或者加利福尼亚州，那这些法律看似能够阻止你的邻居逐渐占有你的一部分房屋。但还是有一个陷阱。法庭判决，这些法律只适用于突发的变化，而不能用于渐变。

20世纪50年代，在加利福尼亚州的沿海小镇兰乔帕第斯，修路导致一整个街区开始逐渐往山脚方向移动，本质上就是一场慢速山体滑坡。到20世纪末，街区已经移动了上百米，这让有些房子滑到了归市政府所有的地皮上。市政府命令房主离开，但有些住户，包括房主安德里亚·乔诺，把市政府告上法庭，要求重画地产界线。2013年，在乔诺起诉兰乔帕第斯市一案里，法庭支持市政府一方，认定土地移动不属于突发而不可见的情况，房主完全可以采取措施来应对。想来这些措施大概就是把房子锚定在基岩上，或者每过几年就把房子往山上拉一点。

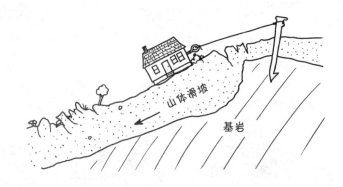

如果基岩自己就在动，那你就进入了悬而未决的法律领域。如果附近有已经确立的界碑，而界碑跟着地产一起动了，那你可以认为你的地产是锚定在这些界碑上的。毕竟，界碑象征着地产分界线的最高权威嘛。但如果界碑离你太远，或者失踪了（这也是常有的事儿），你的地产就只能用更大的坐标系上的坐标定义，结果你很可能发现你的地皮漂到了别人手里。

　　在这种情况下，你最好的策略大概是试试能不能把邻居家房子的另一端买下来。这样，如果你邻居夺走了你一部分房子，你就以牙还牙。

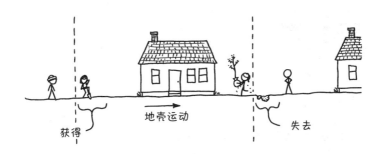

但在特殊情况下使用地产界线规则时，如果你想耍花招，就要小心了。在1991年塞里奥特起诉默里一案的判决里，缅因州最高法庭认为边界线的确定方式是"……按照优先级递减的顺序，分别是界碑、方向、距离和数量，**除非遵循优先级会导致荒谬的结果**"（粗体是我自己加的）。

　　如果你真的和邻居对簿公堂……

……那法官可能会认为此种情况适用于那项条款。

如何追逐龙卷风

（还不用离开你的沙发）

如果你就这么坐着等下去，迟早有一天，会有龙卷风来找你。这张地图显示的就是你需要平均坐等多久，才能等到EF-2级或者更强的龙卷风从你头顶经过。

改编自凯瑟琳·迈耶（Cathryn Meyer）等人所著的《美国龙卷风灾害模型》（*A hazard model for tornado occurrence in the United States*），2002年。

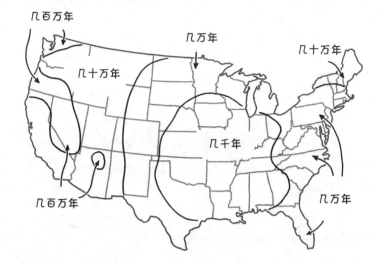

09　如何修建岩浆护城河

也许你会有很多理由让你想在房子周围修一条岩浆护城河，但其中有些理由比其他理由更实在一点。也许你想吓退小偷，不让蚂蚁进屋，不让邻居家小孩偷走你晾在窗台上的馅饼，或者想在搞家装的时候来点"中世纪大反派"的风格，再给你的邻居、消防队和城市规划委员会找点刺激。

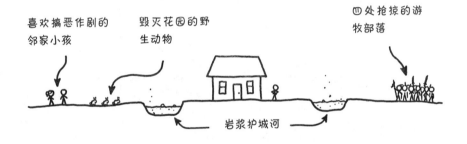

制造岩浆

造岩浆其实相当简单，至少在理论上很简单。你需要的原料只不过是石头和热量。

```
┌────────────────────────────────────────┐
│                                          │
│  岩浆                                     │
│  营养成分表                                │
│  ─────────────────────────────────       │
│  每份含量：1kg                             │
│  每份火山含量：适量                         │
│  ━━━━━━━━━━━━━━━━━━━━━━━━━━━━━━━━━━        │
│  总卡路里：350（热量）                      │
│                                          │
│                        每日所需百分比*      │
│  ─────────────────────────────────       │
│  总脂肪：0g                        0%      │
│    饱和脂肪：0g                    0%      │
│    反式脂肪：0g                    0%      │
│  胆固醇：0g                        0%      │
│  钠：28g                      1 200%      │
│  总碳水化合物：0g                  0%      │
│    膳食纤维：0g                    0%      │
│    糖：0g                          0%      │
│  蛋白质：0g                        0%      │
│  ━━━━━━━━━━━━━━━━━━━━━━━━━━━━━━━━━━        │
│    钙：3 500%        铁：250 000%          │
│    镁：5 000%        锌：450%             │
│  *每日所需百分比基于一个不吃岩浆的人         │
│   的正常饮食情况                           │
└────────────────────────────────────────┘
```

　　大部分石头在 800～1 200 摄氏度时就会熔化。这比家用炉子的温度高，但是用高温熔炉、木炭炉甚至巨大的放大镜都可以达到这一温度。

　　要为你的岩浆寻找原料，你可以用附近随便捡到的石头试试，但是要小心。有些石头里包埋着气体，被加热时可能会熔化或爆炸。雪城大学的"岩浆计划"负责制造岩浆并提供给地质研究和艺术项目，他们用的是来自威斯康星州的有几十亿年历史的玄武岩。这些玄武岩之所以会形成，是因为北美板块的核心区中部出现了一条裂缝，大量岩浆从这里汩汩流出。裂缝最后弥合了，但它留下了一条新月状的"伤疤"，全是稠密的玄武岩，埋在美国中西部的地下。

如果你在乎的只是拥有一条能把东西点燃的护城河，那你并不一定要坚持放岩浆岩。你可以试试吹玻璃时用到的熔融玻璃，或者熔点合适的金属，比如铜。铝的低熔点意味着它作为护城河材料很不错，但其熔点低到刚熔化的时候都不怎么发光。不能发出邪恶的幽光，那还怎么能算得上是岩浆护城河呢？

让岩浆保持熔化

让岩浆保持熔化很难，因为岩浆会以可见光和红外辐射的形态，不停向外释放能量。没有稳定的热量输入，岩浆很快就会冷却、固化。这意味着你不能简单地把岩浆化开并倒进护城河里就宣告完工。为了阻止它冷却，你得保证有稳定的热能流入岩浆，以弥补热量的流失。

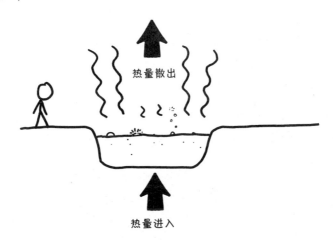

你的护城河需要某种内置的加热设备。

你可以把岩浆护城河想象成一条长而细窄的开放式熔炉。这种类型的工业熔炉一般是用燃气加热的，但也有耗电的版本——使用高温加热线圈。燃气加热的费用会明显更低，但电熔炉的结构通常更简单，温度控制也更精确。不管使用哪种能源，基本的设备构成都是一样的：一个坩埚盛放岩浆；另一个加热线圈或热气流来加热坩埚，周围装上隔热层。

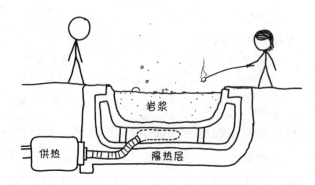

岩浆究竟需要多热呢？我们可以选择熔点低的原料来降低能量消耗，但温度太低的话，护城河就不会发光了。

我们的城堡由这条融冰护城河来守护！

要想让一个东西热到发光，它的温度要达到600摄氏度以上。如果你希望像电影里那样在白天也能看到明亮的橙黄色的岩浆，那它的温度就需要达到1 000摄氏度以上。

我们可以用岩浆流的研究结果来估算，当岩浆达到指定温度的时候，护城河会散发出多少热量。这样就能知道，你得提供多少热量才能维持岩浆的融化状态。

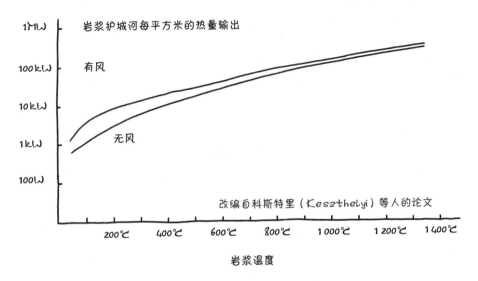

这个图表告诉我们，900摄氏度的岩浆池每平方米散发出约100千瓦热量。如果电费是0.1美元/千瓦时，那么想让每平方米的岩浆用电维持在900摄氏度，每小时至少需要10美元。如果你的护城河有1米宽，包围的面积为4 000平方米，那么想要维持它的熔融状态，每天大约需要花费6万美元。

1米宽的护城河可能看起来太窄，根本无法阻挡人类入侵者[1]，毕竟人类跳过这样的沟通常都没什么难度。但是，就算人不掉进去，光是岩浆护城河散发的热量就很危险了。一旦靠近河面，岩浆的热量强到足以在不到1秒的时间里造成人体二度烧伤，就连靠近岩浆都可能很难。站在几米之外的人遭受到的热流也相当大，《消防员安全手册》上说，这足以在10秒内让人裸露的皮肤产生痛觉。

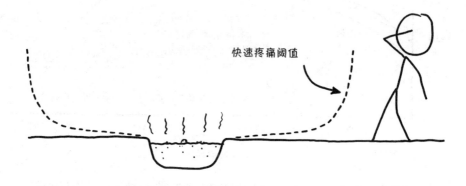

1米宽的护城河并非牢不可破，你穿上厚衣服和靴子或许可以毫发无伤地跳过去，只要别掉进河里，也别在河两岸滞留太久。

为了阻挡别人跳过河，你可以把护城河修得更宽，也可以让岩浆更热。这两个选择都会增加你的开销，详见下面这个费用估算表格：

---

[1] 你的岩浆护城河也许能把蚂蚁挡在外面，但是也可能会吸引岩浆蟋蟀。这种人们知之甚少的昆虫学名叫 *Caconemobius fori*，喜欢住在刚刚冷却的岩浆流附近。你肯定能猜到，研究它们可不太容易。

岩浆护城河取暖费指南

（占地面积：4 000平方米）

	温度		
	600℃	900℃	1 200℃
1m	$20 000	$60 000	$150 000
2m	$40 000	$120 000	$300 000
5m	$100 000	$300 000	$750 000
10m	$200 000	$600 000	$1 500 000

宽度

制冷

迄今为止，我们只讨论了加热岩浆的费用。但如果你要住在一圈岩浆护城河的中央，你还得考虑一下如何为房子降温。就算护城河与你的房子之间有相当大的距离，岩浆热辐射最终也会让房子里的你热得受不了。如果房子外墙和护城河之间相距10米，而你站在窗边，受到的热辐射已经超过了消防员的热暴露上限。

让护城河深陷地下，就能减少抵达房子的热辐射，并让更多的热量往上方走。不过，这样只能解决一部分问题，因为护城河周围的地面还是会很热，并向你不断辐射热量。如果刮了一阵风，风就会把一股热空气吹到你位于下风口的房子里。而这就是岩浆护城河的一个固有问题：不管风往哪儿刮，你永远都在下风口。

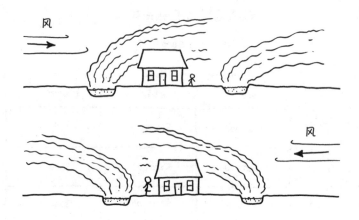

　　幸运的是，冷却房子比加热护城河要容易。如果你有冷水来源，比如你家附近有泉水或者河流，就让水流经你的墙壁，把额外的热量带走。水的储热能力巨大，这意味着你只需花掉很少的泵水费，就能赶走一大批热量。科技公司用这个方法来冷却服务器，谷歌公司就在芬兰海岸建了个数据中心，让海水发挥冷却作用。

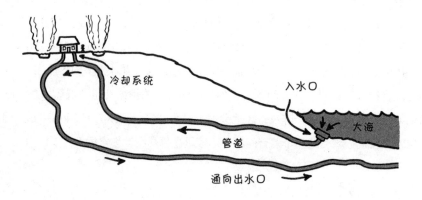

　　你最好也能在护城河之外的地方找到新鲜空气来源，特别是如果你用的岩浆

配方容易散发出有毒气体的话。幸好，岩浆的热量可以帮到你。如果你在护城河底下安装了通风管道，岩浆产生的热空气就会上升，并把空气从低处的管道里吸上来，这叫作"自然通风"效应。它被应用在工业冷却塔里，就像核电站用的那种，可以减少我们获取冷空气时对风扇的依赖。

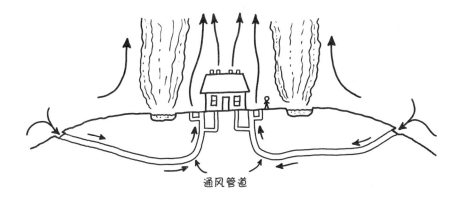

通风管道

但是要小心。如果你的水冷却系统是从海里取水，可能会出现意外堵塞。核电站有时候会被紧急关停，只是因为进水口被一大群水母堵死了。

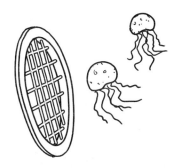

水母可能会让你注意到岩浆护城河的更深层问题。造一条岩浆护城河能提供额外的防护，但是护城河也需要额外的基础建设，而这些基础建设都各有其弱点。

水母把进水口堵死已经很糟糕了，但是从大反派的角度来看，也许你更应该担心房子底下的通风管道网络。因为如果我们从动作电影里只学到了一件事情的话……

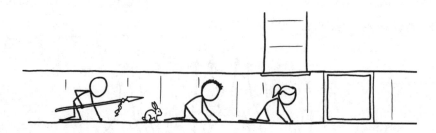

那就是永远会有人从通风口潜入你家。

10 如何扔东西

在一个著名的传说里，乔治·华盛顿把一枚1美元银币扔过了一条大河。

就像很多关于华盛顿的奇闻逸事一样，这个传说直到他死后才开始广为流传，所以其中的具体细节很难确认。有人说是一枚1美元银币，有人说是一块石头。有的版本里是拉帕汉诺克河，有的版本里是更宽的波托马克河。唯一能肯定的是，人们真的很喜欢讲关于华盛顿的故事，并将看起来"无厘头地扔个东西过河"视为一项英雄壮举。

我不清楚为什么扔枚银币过河就意味着他有资格当总统，但人们会觉得这很了不起。可惜这故事直到他死后才广为流传，不然的话，当年的竞选广告绝对带劲儿。

华盛顿有可能把什么东西扔过什么河呢？和其他总统，还有普通人比起来，他的战绩如何呢？

让我们看一下这个非常抽象的描绘，讲的是人们在扔东西的时候到底发生了什么：

1.手握东西

2.？

3.东西飞走

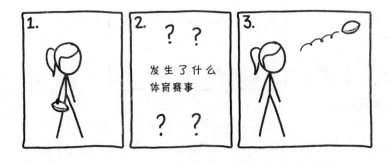

奇怪的是，就算不知道第二步发生了什么，对于"一个人扔东西能扔多远"这一问题，我们也可以通过观察物理学对物体施加了什么限制，来进行比较靠谱的推测。

人类身体的大小是有限的。不管扔东西的人对东西做了什么，都只能发生在他身体周围的一小块空间里。

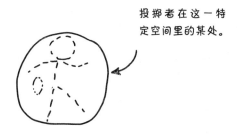

投掷者在这一特定空间里的某处。

为了扔一个东西，人必须用自己的肌肉力量为它加速，而人体一次能产生的肌肉力量总共也只有那么多。不管什么体育运动，是划船、骑自行车还是短跑，顶级运动员在短时间内对物体输出的功率，比如，划一次桨一般是20瓦/千克左右。也就是说，一个体重60千克的运动员在扔东西时可以输出1 200瓦的功率。

假定运动员"用全身力量扔东西"，把所有的功率都在短距离内输送给球，直到球离开手飞走：

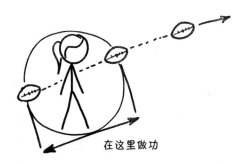

在这里做功

按照上述假设，我们就能在功率不变的情况下用运动方程[1]来计算球的终端速度：

$$速度 = \sqrt[3]{\frac{3 \times 投掷运动的距离 \times 体重 \times 单位功率}{球的重量}}$$

如果我们把大联盟棒球投手的平均体重（94 千克）和棒球的重量（145 克）代入公式，并假设投掷运动的距离和投手的平均身高（188 厘米）类似，就可以非常粗略地估算出投手的快速球速度：

$$速度 = \sqrt[3]{\frac{3 \times 188cm \times 94kg \times 20\frac{W}{kg}}{145g}} \approx 150km/h$$

时速 150 千米几乎正好是四线快速球的平均速度！用一个对投手一无所知的公式来算出这个结果，已经相当不错了。

如果我们把四分卫和美式足球的数值代入公式，能算出时速 108 千米。这比实际的美式足球传球（不超过时速 100 千米）要快一点，但也没有差很远。

$$速度 = \sqrt[3]{\frac{3 \times 190cm \times 102kg \times 20\frac{W}{kg}}{425g}} \approx 108km/h$$

---

[1]　中学物理课分析运动的时候，一般都是假定受力不变，学生看这些公式看得太多，可能都能背下来。但功率不变时的运动公式，指数和系数都不一样，知道的人就不多了。这些公式在 1930 年的一篇论文里有详述，作者是欧柏林学院的洛伊德·W. 泰勒，题目是《功率不变时的运动定律》（*The Laws of Motion under Constant Power*）。

很可惜，我们的答案这么精确可能只是巧合，因为这个计算模型有个问题。

根据我们的公式，超轻的球能被人以任意快的速度扔出去。一个 14 克的球被扔出去，时速会达到 320 千米！但在现实中，棒球投手并不能把全部功率都输送给球。除了给球加速，他们还要给自己的手和胳膊加速。

为了把手速限制也纳入计算中，我们可以添加一个小小的"经验系数"，也就是为球增加一点重量来对公式进行微调，增加的重量相当于投手体重的 1/1 000，来代表速度最快的那部分手的重量。为轻量物体的投掷速度增加一个上限，这与事实相符，也不会对重物的结果产生太大影响[2]。

我们可以把这个公式和一个物体在空中能飞多远的估算公式[3]结合起来，从而得到人扔东西扔很远的统一理论：

$$V = \sqrt[3]{\dfrac{3 \times 投手的身高 \times 体重 \times 单位功率}{球的重量 + \dfrac{体重}{1000}}}$$

单位功率：训练有素的运动员是 20 瓦／千克，普通人是 10 瓦／千克。

$$V_t = \sqrt{\dfrac{2 \times 球的质量 \times 重力}{横截面积 \times 空气密度 \times 阻力系数}}$$

[2] 注意：这个公式被修改后，会低估棒球投手的投掷速度，算出来只有时速 130 千米左右，但其他情况下的结果是合理的。这个偏差可以作如下解释：棒球投手投掷的时候，身体会前跃，这能给他们增加一些额外的初始速度，并让他们的投掷持续更长的距离。但这是个很简单的模型，我们不想在解释的时候太过努力，或者企图纠正所有的偏差。

[3] 这个公式是基于彼得·楚迪诺夫 2017 年的论文《在二次阻力媒介里抛体运动的近似分析研究》（*Approximate Analytical Investigation of Projectile Motion in a Medium with Quadratic Drag Force*）而做的估算。如果投掷物很沉或者空气很稀薄，这个公式就相当于物体以 45 度角被抛出时的标准距离公式（距离＝速度^2／重力加速度）。但速度较快的时候，空气阻力的影响更大，这个公式算出来的距离更短。

$$距离 \approx \frac{v^2\sqrt{2}}{重力\sqrt{\dfrac{4v^4}{5v_t^4}+3\dfrac{v^2}{v_t^2}+2}}$$

$$V=投掷速度，V_t=终端速度$$

这个模型并不完美。它是一组笨拙的方程组，并且只是基于少数几个输入变量，还有极其简单的假定，所以它顶多只能作为近似参考。我们可以加入一些更加具体的投掷机制模型，或是投手更准确的数据，就能让它精确很多。但是如果模型更具体，它的适用范围就会变得很小。适用范围广才是这个公式好玩的地方，我们可以代入任何东西。

当然，我们可以用它算出一个四分卫扔美式足球能扔多远。美国国家美式足球联盟（NFL）最长的传球大概能在空中飞60米，与我们的方程得出的结果相当接近。

（NFL四分卫，美式足球）→ 约67米

但我们也能用它来计算四分卫扔别的东西能扔多远。让我们试试5.2千克重的Vitamax 750型搅拌机：

（NFL四分卫，5.2千克的搅拌机）→ 16.5米

我们只需要大概知道搅拌机的重量、形状和阻力系数就可以了。

我们也不用局限于四分卫，任何人只要能估计身高和体重，就能代入公式：

（前总统巴拉克·奥巴马，奥运标枪）→ 29.5米

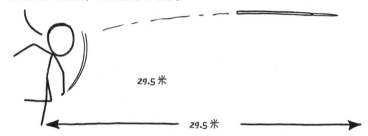

我的美国同胞们，让我把话讲明白。

29.5米

29.5米

（歌手卡莉·蕾·吉普森，微波炉）→ 3.7米

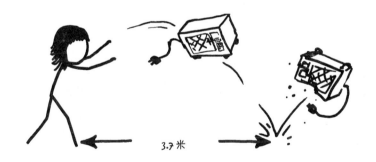

3.7米

你可以在xkcd.com/throw上玩一玩这个计算器。

使用这个公式，再加上你的身高、体重和体育水平，就可以计算出你扔东西能扔多远。

华盛顿的投掷

我们的模型对于乔治·华盛顿的银币投掷壮举有什么看法呢？

华盛顿是出了名的运动达人，还很喜欢扔东西。据说他曾站在弗吉尼亚"天然桥"下面的河里，把一块石头扔到了桥顶上，所以我们把他的功率比定为15瓦/千克。这就把他的位置正好放在了正常人和顶级运动员的正中央。

　　银币的阻力系数具体是多少，取决于它是怎么被扔出去的。如果它一边飞一边翻转，阻力系数就会大很多，但如果它像飞盘那样平着转，飞起来就更快。

阻力小　　　　　　　　　　　　　阻力大

[乔治·华盛顿，银币（翻转）]→ 53.6米

[乔治·华盛顿，银币（平转）]→ 142米

　　拉帕汉诺克河上那处华盛顿扔银币的地方，只有113米宽。如果旋转方式正确，那么他真的有可能扔过去！（波托马克河宽度超过550米，也太宽了）为了证明这一点，很多人成功地重现了这一投掷。1936年，已退休的投手瓦尔特·约翰逊成功地把一枚银币扔出118米远，跨越了拉帕汉诺克河。比他更早一天，一垒手卢·贾里格把一枚银币扔过了哈德孙河一段120多米宽的水域。

　　我们的模型只是一个估算，但它给出的答案和现实比起来似乎相差不远。对于"投掷"这么复杂的物理动作，使用这么少的基础物理知识，还能得到接近现实的答案，已经够了不起了。

　　起码，这些答案从某种程度上来说还是有现实意义的，不过，在其他方面就难说了。

（卡莉·蕾·吉普森，乔治·华盛顿）→ 89厘米

推

89厘米

11 如何踢足球

叫"足球"的运动有很多，彼此间被一棵复杂的家谱树相连。

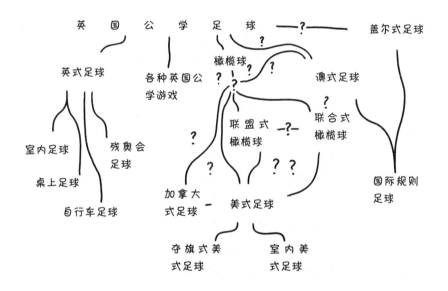

如果你不知道自己在踢的是什么足球，可以去问问其他队员，或者看看别人在做什么，然后根据具体情况来猜猜。

大多数种类的足球运动，彼此之间都有一些相似之处。它们都有两支队伍，每支十来个人，双方各自位于大场地的一侧，都在想办法把球送进对方一侧的球门里。它们也几乎都会在比赛的某个阶段出现踢球的场景，但是不同类型的足球允许你用身体的不同部位碰球。

场上有很多选手，但通常来说，同一时间只有一个人能拿球，所以你在大部分时间可以只在场上跑来跑去，而根本不用对付球。你完全可以竭尽全力装出很忙的样子，只要你不跑到球附近，也许就没人会注意到你。

但早晚会有人想把球传给你，如果你在打美式足球而你又是四分卫的话，这种情况会经常发生。或者你会觉得跑来跑去很无聊，决定主动把球抢下来，可能是拦到球，也可能是在别人路过的时候把球抓过来，视具体规则而定。

一旦你拿到球，所有人的注意力都会转向你，很多人都想把球夺走。如果你不喜欢承受这么大的压力，你可以把球交给队友。

如果你很有野心的话，你可以试试自己进球得分。足球和很多其他运动一样，得分的基本方式很简单：把球弄进球门。

扔球进球门

在某些足球类型里，你能从很远的地方把球射到球门里，方式可以是扔，可以是踢，也可以是用你身体的其他部位。

把球直接扔进或者踢进球门可能行不通。在某些场合下，规则不允许你这样得分。比如，美式足球比赛中的四分卫不能直接把球扔进球门（虽然有时候这么做肯定很诱人）。

　　如果你打算把球扔进或者踢进球门，就要记一下球门的距离和球的重量，然后翻到本书第10章——如何扔东西。

　　有些类型的足球允许你直接把球丢进球门，但从远处扔可能不是很有效。比如，在英式足球比赛里，守门员直接把球扔进对方大门是完全符合规则的，但这几乎从来没发生过。如果守门员想要把球扔那么远，那么球通常会弹几下，滚一段，然后慢下来，这就会给对方守门员充分的扑救时间。

　　如果你想得分，但是不确定自己能从当下的位置把球扔进球门，你就得自己把球带到球门前。

自己带球去球门

　　仅仅按照距离算的话，带球走到对方球门应该只需要1分钟左右，如果你愿意一路小跑，还能更快到达：

但是要小心：其他球员可能不会跟你合作，特别是对方的球员。

对方队伍可能会派球员拦在你和球门之间，阻止你抵达球门。除非你比其他球员高得多、壮得多，不然这就是一个问题。对你而言很不幸的是，大部分足球队的成员都是又高又壮的。你可以试着跑步绕过他们，但这也比看起来要难。足球运动员跑步相当快，而且他们知道有时候别人会耍这样的花招，所以都做好了准备。

如果对方队伍试图阻止你抵达球门，跑快点是不管用的。对方球员和你差不多重，而且他们人很多，几乎可以全部吸收你的前进动力。你从他们中间推过去，需要巨大的功率。

冲过对方"人墙"的方式之一，是想办法增加你的重量、速度和功率。

一匹很大的马上骑一个人，总重量大概相当于一整支美式足球队。而且马的高速能提供动量优势，让你更容易推开对方队伍穿过去。

国际足球联合会（FIFA）的《比赛规则》，也就是英式足球的官方规则，里面并没有提到"马"这个词[1]，所以你可以试试电影《飞狗巴迪》里的一个观点：书里没有规定足球比赛不可以用马。有些规则限定了器材，但马不是器材，马就是马。

裁判可能不会认为你的观点很有说服力。如果你骑马上球场，他们很可能会阻止你。裁判的个头通常比球员小，人数也没那么多，但是他们会让那些阻止你抵达球门的人变多。他们大概也会认定你进的球不算数，但到了这个份儿上，你大概早就不指望得分了。

马比人大很多，肯定能把很多人撞开。但是如果人数更多的话，就算一匹大马想突破重围，也可能会力不从心。

在电影《指环王》三部曲结尾的高潮之战中，战马飞奔过了看似无穷无尽的半兽人海洋，一边跑一边把它们撞开。马能做到这一点而不减速吗？

我们其实可以用空气阻力公式来回答这个问题，只不过用的不是空气，而是半兽人。

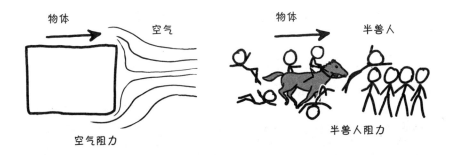

计算空气阻力的基本公式就是阻力方程：

---

[1]　NFL 的规则里倒真有"马"这个词，不过只是在说一种叫作"马轭式擒抱"的动作。

$$阻力 = \frac{1}{2} \times 阻力系数 \times 空气密度 \times 锋面面积 \times 速度^2$$

当一个物体穿过空气的时候，它会撞上空气分子，还得把它们推开。可以说，阻力公式代表的就是物体必须穿过的空气的总质量，以及这些空气携带了多少动量。

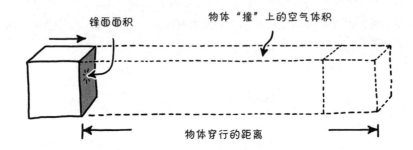

阻力公式的主要部分可以从这个图里得出[2]。如果一个物体跑得快了，每秒钟撞上的空气分子就会更多，这些空气分子的速度相对于物体的速度也更快，所以公式里的速度上带了平方。如果物体的速度加倍，每秒钟会撞上2倍的气体，气体的速度也是2倍，所以气体每秒钟传递给物体的冲量，也就是力，会变成原来的4倍。

我们可以用这个公式计算出一个物体需要消耗多少功率，才能抵消阻力并维持速度不变。能量就是力乘以距离，而功率是每秒钟的能量，所以物体需要消耗

---

[2] 如果你上过些物理课，盯着这个图又足够久，你可能会开始奇怪，这个1/2在阻力公式里是要干什么。既然阻力系数是一个无单位的任意尺度的因子，那只需把所有的阻力系数除以2，不就能消灭这个1/2了吗？运动物理学家约翰·埃里克·戈夫指出，如果你在导出这个公式的时候，考虑的是迎面而来的空气分子携带的动量，那么因子为1或2似乎比1/2更自然。但是，如果你通过考虑空气分子携带的动能而推导出这个方程，那么把1/2保留下来就更有道理了。物理学家倾向于这样解释：阻力方程代表的是空气的"动态压力"，但不是所有的权威专家都认同这一点。弗兰克·怀特的《流体力学》教材只是简单地把这个1/2因子称为"源自欧拉和伯努利的传统"。

的功率必须等于阻力乘以每秒前进的距离。因为每秒前进的距离其实就是速度，所以功率等于阻力乘以速度。我们算阻力的时候已经乘过两次速度了，现在还要再乘一次：

$$功率 = \frac{1}{2} \times 阻力系数 \times 空气密度 \times 锋面面积 \times 速度^3$$

指数 "3" 告诉我们，如果一个物体跑得更快，它抵消阻力所消耗的功率会上升得特别快。

奇怪的是，我们居然可以用同样的方法来估算一匹马冲过一群半兽人需要消耗多少能量，只要把半兽人当成分子特别大的均一气体就行。

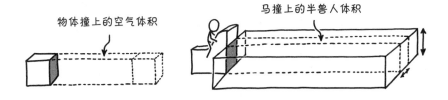

把公式改成符合马-半兽人的几何模型，就得到了这样一个功率方程：[3]

$$功率 = 半兽人密度 \times 半兽人重量 \times 马的胸宽 \times 速度^3$$

注意，我们这里除掉了1/2的因子和阻力系数。一种 "气体" 如果由不相互作用的独立分子组成，而这些分子随着一个表面弯曲物体的前进而反弹，那么在这种情况下，阻力系数正好约为2。

电影里的半兽人站立的密度，差不多是每平方米1个半兽人。如果我们假设每个半兽人重90千克，马的胸宽是75厘米，而马以时速40千米奔驰，算出来就是：

---

[3] 这个马－阻力方程在物理学里没有常用名。老实说，如果有的话，那才是怪事儿呢。

$$\frac{1个半兽人}{m^2} \times \frac{90kg}{半兽人} \times 75cm \times 40km/h^3 = 97kW$$

一匹马能维持将近100千瓦的能量输出吗？要想回答这个问题，我们得知道马的稳定输出功率有多大。方便的是，"马力"已经作为一个单位存在了，所以这个计算就是一个简单的单位转换：

$$97千瓦 \approx 130马力$$

130马力对一匹马来说，实在是太多了。马能在短时间内做超过1马力的活儿，马力是用长时间的平均功率来定义的，但马在短时间内的最大输出也只有10到20马力，远远低于电影场景里所需的130马力。要想减少穿过半兽人人群所需的功率，马必须放慢步伐，一路小跑。

半兽人阻力方程也适用于足球运动员、裁判以及任何你想骑在马背上冲过去的敌人。如果你要骑马冲过一群球员，那你的速度会大大放慢，这会让你的对手有时间摆好姿势，爬到你的马上并把它压垮，或者抓住你的腿把你从马鞍上拖下来，再摔到球场上，然后你就可以以正常的方式被擒抱了。

所有的把戏都一样，如果对方有机会提前做准备，骑马突围的效果也会大打折扣。一旦对方球员发觉了你的计划，他们就可以采取防御措施，比如，在地上斜插长矛，在球场上挖壕沟，或者在战略要地摆放食物来让你的马分心。

但是场上的人数并不多，如果你瞄准他们防线上的缺口，也许只遭遇几次碰撞就能冲过去。没有任何人跑起来能追得上全速奔驰的马，所以一旦你越过了防守方，就能一路畅通无阻地成功射门。

12 如何预测天气

明天的天气会是什么样的?

当人们谈论某个特定地点的天气时,他们经常重复一句老话"如果你不喜欢(此处插入具体地点)的天气,再等5分钟就好"。就像所有的俏皮话一样,人们通常以为这句话是马克·吐温说的。在这个案例里,他可能真的说过,但如果事实证明他没有,你还是可以把它算到多罗茜·帕克或者奥斯卡·王尔德头上。

在温带区几乎所有地方,都有人重复上面这句话,因为天气一直在变。但不知怎么回事,我们一直都会因为天气变化而感到惊讶[1]。这些改变很难预测,但因为天气这东西每个人都要面对,毕竟我们都被困在同一个大气层下,所以还是得努力预测。

预测天气的办法有很多,一些办法比另一些办法更好用。最佳的现代天气预测方法要用复杂的计算机模型,但让我们先从一种基本的、古老的办法开始:瞎猜。

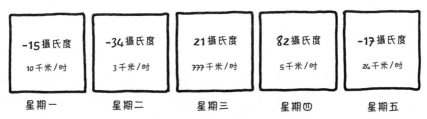

未来5日天气预报

温度和风速

-15摄氏度	-34摄氏度	21摄氏度	82摄氏度	-17摄氏度
10千米/时	3千米/时	???千米/时	5千米/时	24千米/时
星期一	星期二	星期三	星期四	星期五

---

[1] 我们人类总会对可预测到的变化感到惊讶。每次我见到带着小婴儿的朋友,都有一种冲动去说"哎呀,比起上次见到你的时候,你又长大了"。显然,我脑子里有什么地方在预期婴儿应该保持大小不变,或者越来越小。

这个办法很不靠谱。

你的天气预报一点儿也不准。

前有混沌理论，后有量子力学，天气本质上就是不可预测的。

你之前还说今天会有300毫米的降水量，还会刮时速1 200千米的大风。

是啊，我们真的好险，躲过一劫。

　　稍微好一点儿的办法是，看一下这个地方在这个季节的平均天气情况，借此来预测。这叫作气候学预报。

　　在那些天气就不怎么变化的地方，比如热带地区，这办法相当不错。比如，夏威夷火奴鲁鲁在7月的平均每日最高温度是31摄氏度，所以我们可以预测下一个7月的天气情况。

火奴鲁鲁

未来7日天气预报

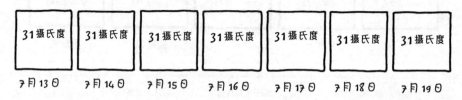

31摄氏度	31摄氏度	31摄氏度	31摄氏度	31摄氏度	31摄氏度	31摄氏度
7月13日	7月14日	7月15日	7月16日	7月17日	7月18日	7月19日

以下是（2017年）夏威夷的真实气温记录：

火奴鲁鲁

实际最高气温

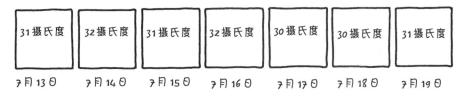

不错！我们的"预测"相当准确。7天里有3天完全正确，其余几天气温的偏差也都没有大于1摄氏度。成为一位名利双收的天气预报员似乎不是梦。

现在让我们把这个了不起的办法用在密苏里州圣路易斯的9月。9月的平均最高气温是26摄氏度，我们就借此来预测天气：

圣路易斯

未来7日天气预报

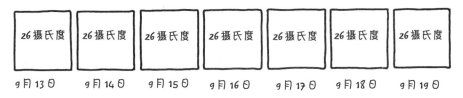

以下是2018年这几天实际的气温：

圣路易斯

实际最高气温

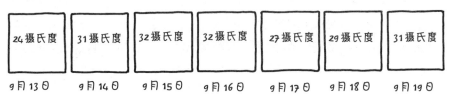

哎哟，差得有点儿远了！

根据平均值来预报天气，在热带地区更好用，因为热带的天气变化更小。圣路易斯位于温带[2]，这里的天气是由巨大而缓慢的高低压系统如何运动来决定的，这就会导致热浪、寒流和一大堆牢骚。

总的来说，用平均值来预测天气似乎是个糟糕的办法。但是在我们换成更好的策略之前，最好再考虑考虑另一个糟糕的办法：看看现在是什么天气，然后假定它永远不变。

这听起来很蠢，因为天气一直在变，但它变得没那么快。如果现在正下雨，那么再过30秒，多半还是在下雨。如果现在热得要命，那么1小时后大概还是会热得要命。你可以用这个原则来预测天气，只需要看看此刻的天气。这就是你的天气预报，这个办法叫持续性预报。

在非常短的时间段内，持续性预报比平均值预报更靠谱。在非常长的一段时间里，平均值预报则更准。在世界上有些地方，一样的天气经常持续好多天，在这里，持续性预报就更有用一些。而在其他地方，前一天的天气和后一天的天气几乎没有任何关系，这时候用平均值预报就会更好。

计算机

第二次世界大战结束后的那些年，也是计算机发展的黎明，数学家约翰·冯·诺伊曼发起了一个项目：用计算机预测天气。到1956年，他的结论是，天气预报可以分成3个领域：短期、中期、长期。他准确地推测出，这3个领域需要使用的方法会非常不同，而中间的中期预测会是最难的。

短期预测的对象是接下来的几个小时或几天。在这个范围里，预测天气本质上就是收集足够多的数据，然后进行大量数学运算。大气层的运行基于流体力学

---

[2] 截至2019年。

的一些定律，这些定律我们还算比较了解。如果能测量大气当前的状态，我们就能运行一个模拟程序来计算演变趋势。这些模拟程序能相当准确地预测未来几天的天气情况。

要想提高预报的准确度，我们可以收集更多的大气当前状态的数据，把气象气球、气象站、飞机和海洋浮标提供的信息都整合起来。我们也可以改进模拟程序，提高运算能力，让它的分辨力变得越来越强。

但是当试着把天气预报的范围扩展到几个星期时，我们就遇到了一个问题。

爱德华·洛伦兹在1961年研究计算机气象预报的时候注意到，如果他同时运行一个模拟程序的两个版本，二者之间只有极其微小的差异，比如，把一个地方的温度从10摄氏度调成10.001摄氏度，结果就会全然不同。偏差一开始小得令人难以察觉，但会逐渐变大，甚至扩散到整个系统里。最终，这两个系统在宏观上看起来会截然不同。他发明了"蝴蝶效应"这个词来描述这一现象，他的想法是，在世界的一端，有只蝴蝶扇扇翅膀，就会最终改变世界另一端风暴的轨迹。混沌理论由此而来[3]。

因为天气是一个混沌系统，所以中期预报（天气在一个月或者一年后会怎样）从某种意义上讲，可能是在原则上就不可知的。我们倒是发现了一些缓慢发生的周期变化能驱动季节性变化，比如厄尔尼诺现象和太平洋十年涛动，这能让我们知道一点点下一季的整体天气趋势。但是要想在5月1日预测10月1日会不会下雨，也许永远都不可能。

长期预测覆盖了几十年到几百年，我们现在会说这是气候变化预测。在这么长的时间尺度下，混沌的每日变动会趋于平均，最终的气候由长期的能量输入和输出来决定。完美预测气候大概永远不可能，因为潜在的混沌总是会突然出现并把系统打乱，但我们还是有一定的把握去预测情况将会怎样变化。如果进入大气层的阳光变多了，平均温度也会上升。如果大气层的二氧化碳浓度下降了，更多

---

[3]　此外，按照《侏罗纪公园》里的说法，这一理论不知道为什么还导致了一群恐龙吃人。

红外辐射会逃离地表，那么温度就会下降。这里涉及各种各样的复杂反馈系统，其中一些我们还没有充分理解，但系统的基本动向在原则上是可以预测的。

总之，3个领域的情况如下。

短期： 足够好的计算机模拟完全可以预测。

长期： 很难准确地预测，但预测总体趋势是可以的。

中期： 也许根本不可能。

人们曾经总是抱怨天气预报不准。当然，现在人们还是会抱怨，但是随着时间的推移可能慢慢不那么常见了。我们的计算机模拟和数据收集都变得越来越好，我们的短期预报，也就是未来5日天气预报，也变得越来越准确。2015年的未来5日天气预报，已经和1995年的未来3日天气预报一样准了。在20世纪中期，对未来两三天的天气进行预报的准确度，并不比简单的平均值预报和持续性预报更高，后面这两种办法可不需要什么计算机。如今，我们最好的计算机模型哪怕覆盖未来9到10天，也能预测出比简单方法更准确的结果。

总的来说，在过去的半个世纪里，天气预报在以每10年为1天的速度改善，相当于每小时1秒[4]。物理计算表明，我们基于模拟进行的天气预报，准确度的终极上限是几个星期。两三个星期之后，系统内在的混沌特征就会让预报变得不可能。

但想要预测天气，不一定非用超级计算机。

晚霞行千里

根据民间谚语，你可以通过观察天空的颜色来预测天气。俗话说："晚上天色红，水手乐呵呵；早晨天色红，水手急煞煞。"

这句话以不同的版本流传了很长时间，甚至在《圣经》里都有类似的说法[5]。它

---

[4] 如果你想惹物理学家生气的话，就告诉他们"秒每小时"的国际标准单位是"弧度"。

[5] "傍晚天发红，你们就说：天必要晴。早晨天发红，又发黑，你们就说：今日必有风雨。" ——《马太福音》第16章2—3节。

能广为流传，是因为真的管用，至少在世界上的某些地方管用。"红天法"和你想的不同，其实天气和红色的云本身并没有什么联系，恰恰相反，这是利用太阳为地平线上的大气层"拍X光片"，然后把你头顶的云当屏幕来显示结果！

等等，啥？

在温带地区，气象系统通常从西向东移动，速度并不快。通常来说，气象系统在地球表面的移动速度和开车的速度相当，有时还更慢，所以在你西边2 000多千米远的暴风需要1天多的时间才能抵达你这里。因为地球表面的曲线，还有大气里的霾，你看不到西边的云。如果能看到的话，天气预报就会简单得多。

"红天法"利用太阳解决了这个问题。红光的波长穿透空气比蓝光更容易。当太阳从西边落下的时候，它的光穿过了上千千米的大气层，并在半路上变得很红，这才最终抵达你头顶的云。波长较短的蓝色光被空气反弹到别的方向去了，所以天是蓝的，它反射了蓝光。白云反射所有的颜色，所以当红光照在它上面时，它看起来也是红色的。

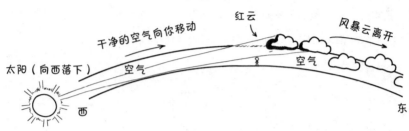

如果你的西侧有云，红光照不到你就被拦住了，日落时的天空看起来就不怎么红了：

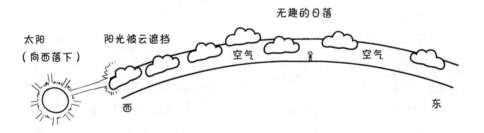

反过来说，如果你东边的上千千米范围内都很晴朗，那么阳光会一直照射到你头顶的天空，并且把它变红。如果你头上有云，红光会把云照亮，创造出美得令人屏息的日出景色。

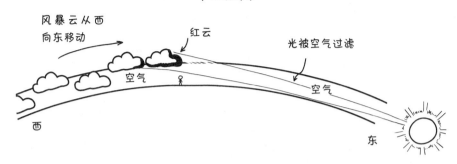

当气象系统自西向东移动时，傍晚红天意味着你的头顶有云，但西边的天空是晴朗的，这就是在告诉你，天气很快会放晴。

早上红天则恰恰相反，这意味着东边晴朗……但你头顶上有云，说明晴朗的区域正在远离，而云正在逼近。

这句俗语在热带地区不管用，因为热带的盛行风通常是从东向西刮，而且不确定性更大。

黄金时间

大气层的过滤效应，部分地解释了为什么日出和日落前后的那段时间在摄影里被称为"黄金时间"。更温暖也更红的光不但创造出美丽的晚霞，也很适合让人们拍出好看的人像照和日落照。

这意味着在温带地区，你可以通过看别人在网上发的照片来初步判断接下来的天气情况。假如你晚上在 Facebook 上看到，人们拍的日落照片中红黄像素比例高于正常值，暖光自拍获得了异常多的点赞，就意味着坏天气正在远离那里。相反，日出照片和红彤彤的早晨自拍，则是不祥之兆。

照片颜色预测法可能不如大气层超级计算机模拟那样可靠，但这样一种用朗朗上口的口诀来预报天气的古老方法，还是挺了不起的。

如果你不是水手的话，可以按照需要来修改俗语的措辞。

你知道俗话怎么说的：

晚上上传照片，
坏天气都跑远。

早晨自拍疯传，
必有低压气旋。

如何去别的地方

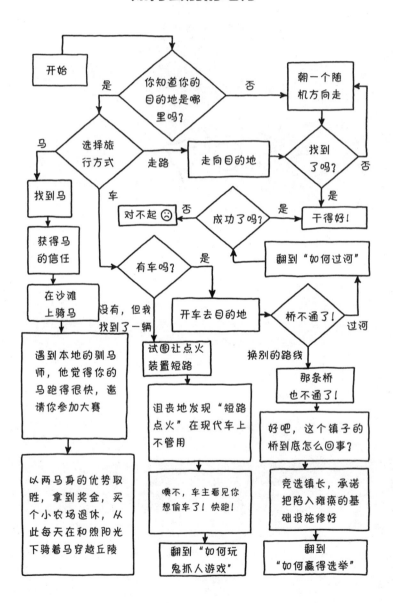

开始

你知道你的目的地是哪里吗？ — 是 / 否

朝一个随机方向走

选择旅行方式 — 马 / 走路 / 车

走向目的地

找到了吗？ — 是 / 否

找到马

获得马的信任

在沙滩上骑马

对不起 ☹ — 否 — 成功了吗？ — 是 — 干得好！

翻到"如何过河"

有车吗？ — 是

没有，但我找到了一辆

开车去目的地

桥不通了！ — 过河

换别的路线

遇到本地的驯马师，他觉得你的马跑得很快，邀请你参加大赛

试图让点火装置短路

那条桥也不通了！

以两马身的优势取胜，拿到奖金，买个小农场退休，从此每天在和煦阳光下骑着马穿越丘陵

沮丧地发现"短路点火"在现代车上不管用

好吧，这个镇子的桥到底怎么回事？

噢不，车主看见你想偷车了！快跑！

竞选镇长，承诺把陷入瘫痪的基础设施修好

翻到"如何玩鬼抓人游戏"

翻到"如何赢得选举"

13 如何玩鬼抓人游戏

鬼抓人（Tag）的游戏规则很简单：一个玩家扮演鬼，要使劲追逐其他玩家并碰到他们。鬼抓到了谁，谁就变成鬼。

鬼抓人的基本规则有无数变体，甚至有个类似跑酷的比赛联盟叫"世界障碍追逐赛"（World Chase Tag）。在他们举办的比赛里，运动员一边相互追逐，一边跳过或钻过障碍物。但是标准的操场鬼抓人只有很少几条具体规则，不需要计分、球门、器材或者明确划出比赛场地，甚至没有明确的结束。鬼抓人是永远赢不了的，你只能停下来不玩。

从理论上来说，在一局理想化的鬼抓人游戏里，有些玩家奔跑的速度比别人快，且所有人都以最快速度奔跑，游戏最终应该达到一种自然的平衡状态。如果当鬼的玩家不是最慢的，就能抓住一个更慢的玩家，把自己的鬼身份转移到对方身上。但最慢的那个玩家迟早会变成鬼，也无法抓住其他人把他们变成鬼，所以他会永远当鬼。

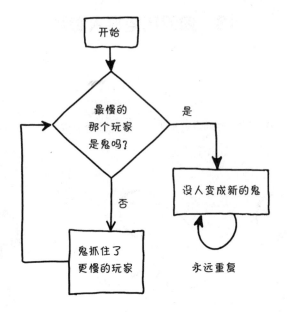

如果游戏永不结束，那么不是鬼的玩家必须一直跑下去。如果他们停下来休息，就要像龟兔赛跑那样冒险。如果你比鬼跑得快，但你还是想每天睡上8个小时，那你就得远远领先对手，才能在休息的时候也不会被对方赶上。

我们的游戏版本还是太过理想化了。在现实中，跑步的人不仅有"最高速度"。有些人在跑短途时比较快，有些人则能保持稳定的速度跑很长的距离。把这些因素加入我们简化的鬼抓人版本里，事情就会变得更有趣一些。

想象一下尤塞恩·博尔特（世界上最快的短跑选手）和希查姆·艾尔·奎罗伊（1英里跑世界纪录保持者）参加的鬼抓人游戏。我们假定这两个人都处于体育事业巅峰，并且用他们的世界纪录比赛成绩作为跑步速度来建模。

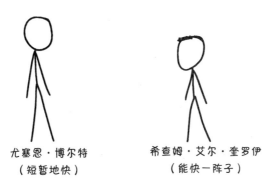

尤塞恩·博尔特
（短暂地快）

希查姆·艾尔·奎罗伊
（能快一阵子）

长跑运动员和短跑运动员依靠不同的生理机制来获得能量。短跑靠的是无氧呼吸，能在短时间内提供很多能量，但在一两分钟后身体的能量储备就会耗尽。长跑则靠有氧呼吸来消耗氧气，能长时间地提供更稳定的能量。

博尔特是目前世界上大多数短跑项目的世界纪录保持者。他是地球上跑得最快的人……前提是跑步距离不超过几百米。他的400米成绩很好，但是落后于世界纪录两秒多[1]。超过这个距离，他连优秀的高中运动员都比不上。博尔特的经纪人对《纽约时报》说，博尔特从没有跑过1英里那么长。

让我们假定在游戏开始的时候，奎罗伊是鬼，虽然一开始谁是鬼其实无关紧要。假如博尔特是鬼，他只需要向前跑，就能在开场几秒内把奎罗伊变成鬼。

---

[1]　400米差不多刚刚把短跑运动员的无氧呼吸能量储备用完，开始需要有氧能量。

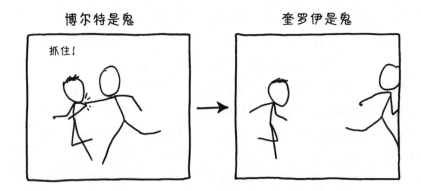

博尔特要想不被抓住，就得开始跑。起初他有优势，他的短跑能力能让他快速拉开自己与奎罗伊之间的距离。游戏开始30秒后，博尔特跑出300米时，他已经遥遥领先追逐者70米。

但是30秒再往后，两人的差距开始缩小。游戏进行到90多秒的时候，奎罗伊就会在将近700米的距离抓住博尔特，把他变成鬼。

精疲力竭的博尔特可以试图反过来追赶，但是他追不上奎罗伊。

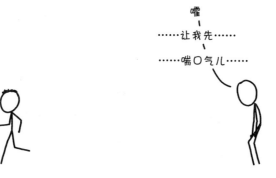

如果你不是马拉松冠军，那么优秀的长跑选手在玩鬼抓人游戏时抓你会有巨大优势。不管你是尤塞恩·博尔特、乌韦·博尔[2]、乌戈·邦孔帕尼[3]，还是乌斯尼亚·巴巴塔[4]，一旦马拉松选手跑起来，你都追不上。

如果你发现自己身处博尔特的位置，要面对一个擅长长跑的人，你是不是就只能注定当鬼到永远了？

嗯，有这个可能。

如何捉住长跑运动员

如果你没办法靠跑来抓住长跑者，可以试试更高效的办法：走。

走路比跑步慢，但是能节省很多能量，每千米需要的氧气和卡路里也更少。因此，一个健康的人跑完1英里可能很费劲，但一连走上好几个小时也没啥大问题。跑步向你的有氧代谢系统提出了更高的要求，如果你的身体跟不上，就没法

---

[2]　恐怖片导演。
[3]　教宗格里高利十三世的出生名。
[4]　一种地衣（Usnea barbata）。

一直跑下去。长跑运动员掌握的跑步方法会尽可能少地浪费能量，但他们还需要调节心血管系统，以获得足够的能量来满足持续奔跑的需求。

徒步者走过全长3 500千米的阿巴拉契亚山道一般需要5到7个月。按5个月算的话，差不多每天走24千米，所以让我们假设你能保持这一速度一直不停走下去。

长跑冠军扬尼斯·库罗斯曾有一次在24小时之内跑了290千米。如果你以徒步者的节奏追赶库罗斯，他可以在第一天跑160千米来甩开你，然后休息大概一个星期等你追上来。一旦你靠近了，他可以再跑160千米。

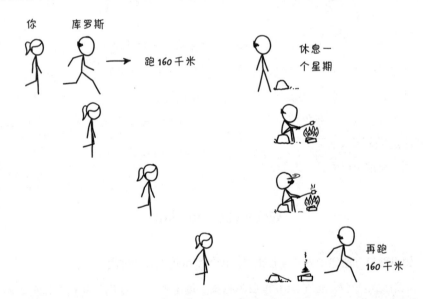

如果库罗斯想过正常的生活，但又下定决心不要当鬼，那他可以买两三幢相隔160千米的房子。每当你靠近其中一幢房子的时候，他就可以跑到下一幢。这样，在每一处他都能休息一个星期左右，然后你才能赶上他并逼着他逃往下一幢。

但愿和他一起生活的家人也是马拉松选手，不然的话，他要想领先你，就得费很多很多力气了。

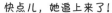

快点儿，她追上来了！

如何甩掉马拉松冠军

如果你真的想办法偷偷跑到了库罗斯身边，并趁他不注意一把抓住了他，那你就要面临一个新问题：他会立刻反过来抓住你。你肯定是跑不过他的。

如果你在规则之内赢不了，也许可以稍微改变一下规则。让我们假设你跳上了一辆魔法滑板车，能让你想"跑"多快就跑多快，然后立刻抓住库罗斯。

鬼抓人的规则里可没有哪一条说我不能用魔法滑板车！

因为鬼抓人根本就没有规则！

如果库罗斯反过来追你，拒绝像你一样作弊，坚持用老办法追你，那么不管你跑得多远，他都会穷追不舍。但如果你真的跑得特别特别远，就能给自己很多时间休息。

你可以用谷歌的步行指路功能，来寻找地球上步行距离最长的两个点。随着谷歌更新地图，这两个点的位置也会发生变化，但是科学艺术家马丁·科施温斯基列出了一个表。从南非的奎恩角到俄罗斯东海岸的马加丹，有望成为你的选择。

这条路线长约22 500千米，穿过16个国家，需要渡船横跨多条河流和运河[5]，还要跨越20多次国境线。总的来说，你的步行导航路线上会有大约2 000条指示。

"向右转。
行走25.4千米。
继续前进，进入138道路。
行走1.9千米。
进入坦桑尼亚。
继续……"

这条路高低起伏，海拔变化总计超过100千米，并且穿越几乎所有的气候带，从热带雨林到炎热沙漠，再到西伯利亚冻土。很难说你的追逐者走这条路能有多

---

[5]　如果道路封闭或者国界状态有变，你可能还要乘船渡过努比亚湖／纳赛尔湖，才能穿过苏丹和埃及的边境。

快，但阿巴拉契亚山道的最新徒步纪录是41天多一点，徒步者平均每天走85千米。按照这个节奏，从奎恩角抵达马加丹大概需要9个月。

你可以不停地来回奔波，差不多每过一年就折腾一次，把家搬到世界的另一头，直到你的追逐者放弃为止。

或者你也可以坐下来跟对方聊聊。如果鬼抓人永远不能结束，而且总得有人当鬼，为什么不分享一下呢？与其在全世界跑来跑去，你完全可以找个好地方定居下来，说不定就是你在旅途中发现的某个小镇。你和其他玩家可以搬进彼此相邻的房子，每天轮流当鬼……

……也就是每天和你的新邻居击掌。

也许鬼抓人游戏还是有办法赢的。

14 如何滑雪

所谓滑雪，就是把长而扁平的物体绑在你的脚上，然后滑过一个平面或者斜坡。这个平面通常是水——固态或液态的水。不过，滑雪也不是非要用水。

耶——

你可以从任何斜坡上滑下来，只要它够陡就行。当一个物体放在斜坡上的时候，一部分重力会把它往下拉，另一部分重力又把它沿着斜坡拉。当拉着物体沿斜面运动的拉力超过了摩擦力的时候，物体就开始滑动了。

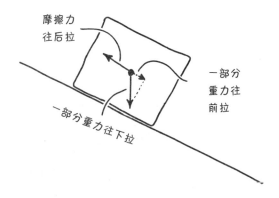

一开始，你可能不会很轻松地滑动，这要看你的滑雪板和平面是用什么做的。

如果滑雪板是橡胶做的，而平面是水泥，就得有个很陡的坡才能滑。橡胶滑水泥一点儿都不流行，想必就是这个原因吧[1]。

不管是什么平面材料遇上了什么滑雪板，你都可以用简单的物理知识算出斜坡要多陡才能让物体滑动。这看似是个很难的问题，但因为一个很方便的巧合，大多数复杂的部分都相互抵消了，最终得到的是一个非常简单的等式：

$$摩擦系数 = \tan (斜坡角度)$$

如果你想计算出斜坡角度，可以把这个公式反过来：

$$斜坡角度 = \tan^{-1} (摩擦系数)$$

这个公式如此简单、直白，堪与 $E=mc^2$ 和 $F=ma$ 相提并论。和后面这两个更出名的公式不同，它只适用于这个特定问题，但它能如此简单，还真是挺厉害的。

下面这个表格是不同的滑雪板与不同的平面组合产生的摩擦系数。

滑雪材料

平面	橡胶	木头	钢材
混凝土	0.90	0.62	0.57
木头	0.80	0.42	0.25
钢材	0.70	0.25	0.74
橡胶	1.15	0.80	0.70
冰	0.15	0.05	0.03

下面列出的是各种摩擦系数以及让你滑动起来的最小坡度：

---

[1] 讽刺的是，这项运动从来不会获得牵引力。

■0.01/0.6度（自行车在轮子上）[2]

■0.05/3度（特氟龙在钢上，滑雪板在雪上）

■0.1/6度（钻石在钻石上）

■0.2/11度（塑料购物袋在钢上）

■0.3/17度（钢在木头上）

■0.4/22度（木头在木头上）

■0.7/35度（橡胶在钢上）

■0.9/42度（橡胶在混凝土上）

木头滑雪板在16度的钢斜坡上能滑起来。如果滑雪板改成橡胶做的，钢斜坡角度就得达到35度才能滑动。橡胶在混凝土上的摩擦系数更大，高达0.9，需要倾斜角度为42度的坡面才能实现滑动。这也告诉我们，穿橡胶鞋底跑鞋的人没法沿着倾斜角度大于42度的斜坡往上走。

可以说，滑雪者其实就是登山者，只不过他们的攀登水平出奇地差，却有着

[2]　自行车有轮子，但是它依然要受到滑动摩擦力。轮子只不过是把一部分摩擦力发生的地方从地面转移到了轮轴的轴承上。

非常好的平衡力。

冰比大部分平面都要光滑，而雪（说白了就是奇特的冰）也一样很滑。所以，冰雪是滑雪以及类似运动的好选择，冬奥会的每一项赛事都与滑行有一些联系。

但冰很滑的原因其实有点儿神秘。在很长时间里，人们认为是冰刀的压力让冰的表面融化，制造出薄而滑的水膜。19世纪末，科学家和工程师的研究证明，冰刀的压力能让冰的熔点从0摄氏度降至-3.5摄氏度。几十年来，人们都把受压融化当成冰刀的工作原理。不知道为什么，没有人指出，其实在比-3.5摄氏度更冷的地方也可以滑冰。受压融化理论认为这是不可能的，但溜冰者照滑不误。

令人惊讶的是，冰为什么光滑这一问题现在依然是物理学研究的主题之一。一般的解释大致是，冰的表面有一层液态的水，而水分子没能被牢固地锁在冰晶里，这么一来，一块冰就有点儿像一块边缘散开的布。在"布"的中央区域，组成布的线被锁在了严格有序的状态，但在边缘处的线就不太容易被约束，所以更可能松掉，并四处移动。同样的道理，冰块边缘的水分子也会比较松散并四处移动，形成一层薄薄的水膜。不过，对于这一层水的具体性质以及它和冰刀如何相互作用，人们还没有完全弄清楚。

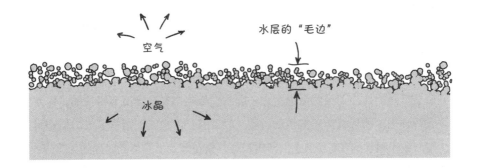

考虑到当代物理学花了这么多时间去思考深刻、抽象的宇宙奥秘，比如寻找引力波或希格斯玻色子，你可能会很惊讶地发现，原来这么多日常现象人们都还没弄清楚呢。除了滑冰之外，物理学家也还没真的搞明白是什么让雷暴云里的电荷积聚起来，为什么沙漏里的沙子是以那种速度运动，为什么你拿气球蹭头发会蹭出静电来。谢天谢地，滑雪和滑冰的人可以继续在冰雪表面滑行，而不用非等着物理学家把这些都研究明白。

雪已经相当光滑了，但为了再加一点点额外的顺滑，滑雪者会在滑雪板上打一层蜡。蜡起到了半流体层的作用，能让锐利的冰晶不会因陷进滑雪板的硬质材料里而降低滑行速度。

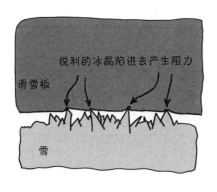

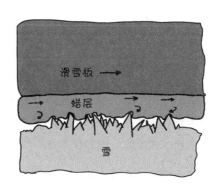

打蜡的滑雪板在雪上的摩擦系数大约是0.1，一旦滑起来还能再降到0.05[3]。这意味着要靠你自己的体重开始滑动，需要5度的斜坡，但是只要滑起来，3度的斜坡就能继续滑下去。

一旦沿着斜坡开始滑，你就会持续加速，直到雪用完了，或者你的速度带来的向后空气阻力比往前拉的重力更大。因为空气阻力要在速度非常快的时候才会真正发挥作用，所以就算是很缓的斜坡，只要够长，也能让滑雪者或雪橇跑得很快。在一条无限长的5度斜坡上，滑雪者或雪橇在理论上的最高时速约为50千米，要是形状特别符合空气动力学的话，时速能高达70千米。在25度的斜坡上，符合空气动力学的滑雪者或坐雪橇者应该能达到160千米以上的时速。

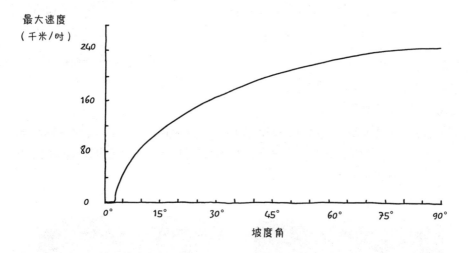

用滑雪板滑行的最高时速大概是250千米，但人们一般不太会关注这项世界纪录，因为打破它其实没什么意思。要想抵达更高的速度，只需要找一段更长更陡的斜坡。如果你一直这么找下去，滑雪就逐渐变成了高空跳伞，只不过此版本的高空跳伞更危险，因为参与者不是从空中掉下来，而是贴着地面滑行的。以时

---

[3] 在物体开始移动的时候，摩擦系数会降低。这就是为什么如果你在冰上摔了一跤，你的脚会突然滑出去。一旦你的鞋开始滑动，就会完全丧失抓地力。

速250千米滑雪已经很难躲开障碍物了，就算你找到了一段看似平滑的斜坡，一个小小的鼓包或一段平缓的转弯也足以马上要了你的命。

如果一项体育运动里参赛者的成绩和他们死掉的概率有强大的相关性，那这项运动本身就有非常严重的问题了。竞速滑雪曾在1992年奥运会昙花一现，但是经历几次致命事故之后，这项运动已经不再出现在比赛项目中了。

滑到底的时候

如果你沿着斜坡往下滑雪，早晚会遇到滑不下去的情况。这可能是出于以下几种原因：

■树、石头或山挡着你了
■你滑到了山脚下
■没有更多的雪了

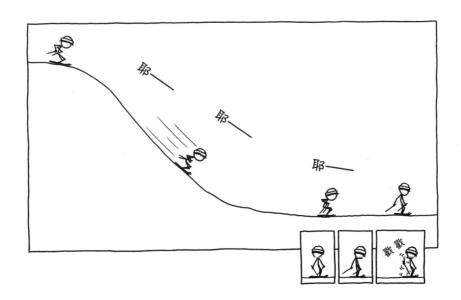

如果你滑得正开心，并不想停下来，你有下列几个选项。

假如是树挡住了路，你可以试试把树挪走。要想知道具体操作过程，请翻到第25章——如何装饰一棵树。假如前面有石头，你可以参见第10章——如何扔东西，来判断你能不能挪动它们。如果滑到了山底，你可以试试继续向前加速，也许可以看看第26章——如何快速抵达某地，或者第13章——如何玩鬼抓人游戏，找找有用的建议。如果没有山你还想继续往山下滑，那就翻到第3章——如何挖一个坑。

如果你遇到的情况只是没有雪了，那就继续读下去。

没有雪该怎么办

我们讨论摩擦力的时候已经提到，滑行在大部分没有雪的平面上不太可行。有些人造滑雪道会使用特殊的低摩擦力聚合物，给人一种粗厚毛刷般的质感，这样既能增加一些柔软性，还能让滑雪板在转弯的时候更抓地。也有一些特制滑雪板是为了草地或者其他表面而设计的，但它们用的是轮子或者履带，而不是滑行。

如果你想继续在雪上滑行，但前面已经没雪可滑了，你就得自己造些雪出来。

大约90%的美国滑雪场都会使用人造雪，这样可以保证只要天气冷到能留存雪，雪道就会被雪覆盖。就算天公不作美，雪也能覆盖一整个滑雪季。人造雪也能用来补充那些因为融化或磨蚀而损失的雪。

造雪机造雪的方式是利用压缩空气和水来喷射出一股微小冰晶，然后趁冰晶飘在空中的时候洒出小水滴形成雾。随着雾气飘向地面，里面的水滴冻结在冰晶上，就形成了雪花。

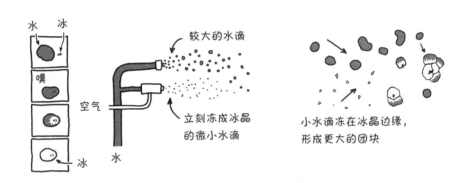

和纤巧的天然雪花比起来，人造雪花会更紧实，形状也更扭曲。天然雪花有很多时间在云层里一个水分子一个水分子地缓慢生长，形成精巧而对称的形状。人造雪花形成的速度却很快，只有水从喷口落到地面这段短短的时间，一小堆水滴也只能被笨拙地塞成一团。

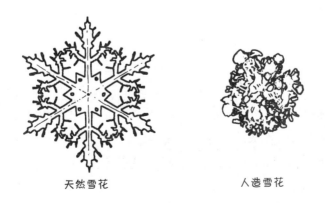

天然雪花　　　　　　　人造雪花

假设你需要1.5米宽的雪道来滑雪，而你往下滑的时速是32千米。天然雪大概含有10%的水和90%的空气，当然，这个比例会因雪的蓬松程度而有很大不同。为了简单一些，我们假定你需要20厘米厚的比较沉的雪才能滑，雪的密度是水的1/8，所以相当于一层2.5厘米厚的水那么重。那么，你所需要的总水量就是：

$$1.5\text{m} \times 20\text{cm} \times \frac{1}{8} \times 32\text{km/h} = 1\,250\text{m}^3/\text{h}$$

光是滑过足球场那么长，就需要将近4 000升的水，况且还需要配套设备把水变成雪。

能足够快地把水变成雪的设备，可没有那么好找。最大的造雪机产雪的速度大概是每小时100立方米。这还不够你所需雪量的10%，所以你可能需要好多台。

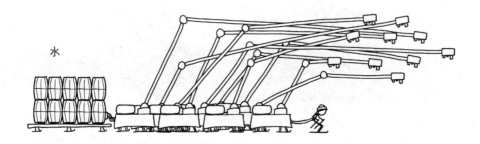

　　标准的造雪设备造出来的雪，需要过一段时间才会飘到地上。这意味着你需要在离当前位置很远的地方就把雪造出来，留出让雪落地的时间。另外，因为气流是运动的，让足够多的雪集中在这么窄的雪道上可能也不太容易。

　　人造雪必须经历漫长而缓慢的下落过程。小水滴通过蒸发把热量散到周围的空气中，再黏附在冰晶上，这一过程需要很长时间。确实有办法让水滴更快冷却，但这些办法都有不足之处。

　　如果你把液氮之类的低温物质注入空气或水流中，就能快速降温，几乎实现瞬时冰冻。这项技术能快速造出雪来，在过于暖和、造不出普通人造雪的地方，有的造雪公司会在特殊场合使用。但滑雪场一般不会使用制冷剂冷冻技术，比起让水自己在空气里冻结，这样实在是太贵，也太耗能了。

　　但对于你的滑雪小窄坡来说，液氮没准还刚刚用得起。如果你买的是小瓶装的液氮，那么滑雪的费用大概是每秒50美元，但如果你是批发的话，工业级供应商可以给你出低得多的价格。

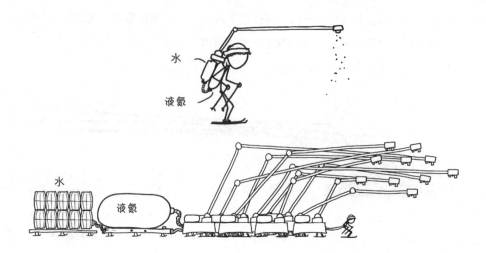

倒不一定非要用液氮，你也可以换成别的低温气体试试。液氧和液氮的温度相近，生产起来也一样容易，从理论上来说，液氧可以用来造雪。但是，我不推荐这个方法。液氮之所以是很受欢迎的冷却剂，原因是它有惰性，不爱与其他物质发生反应。而液氧不具备这一特点。

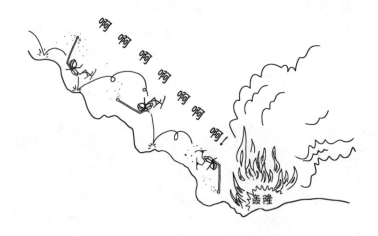

让造雪过程更高效

如果你可以想办法把身后的雪铲起来重复利用，那就能减少雪的消耗量，不需要一边滑一边造新的雪。

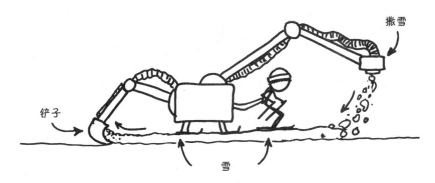

如果你在雪层下面放一块塑料布之类的东西，就能在身后把一整块雪铲起来并重新利用，几乎没有损失。

你的"雪循环"越紧凑，需要的雪量就越少。

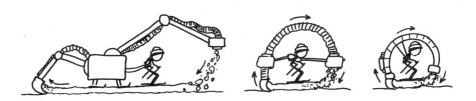

你甚至可以把这个循环圈做得比自己的身子还小，只让雪通过你的腿，而不必流过你的脑袋……

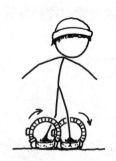

……这时候你会发现，其实你重新发明了旱冰鞋。

15 如何寄快递

（从太空）

用2001年至2018年的平均值来估算的话，每15亿人中就有1个人在太空，其中大部分人都在国际空间站上。

国际空间站的乘员可以从空间站往地球上发快递，只要放在送乘员回地球的宇宙飞船里就行。但是如果最近没人打算回家，或者NASA已经受够了接你的网购退货快递，那你可能得自己想办法搞定。

退货单上明明说的是全宇宙包邮！

在把这双鞋带上来之前，你应该先试穿。

从国际空间站把东西运到地球上很简单，你只需要把东西从门里扔出去，然后坐等。早晚有一天，它会掉到地球上的。

在国际空间站的高度，还有一点点大气层，虽然很少，但足够产生微小却可测量的阻力。这股阻力迟早会让东西的速度慢下来，落入越来越低的轨道，最终掉进大气层并燃烧（通常来说）。国际空间站本身就能感受到阻力，它会用推进器来抵抗阻力，每隔一段时间就把自己推到更高的轨道上，以追回之前的高度。否则，它的轨道就会逐渐降低，直到落回地球。

宇航员会时不时地一不小心给地球寄个快递。在国际空间站上工作的时候，在太空行走的宇航员已经失手掉下了各种各样的东西，包括钳子、相机、工具包，还有小铲子。小铲子是宇航员做测试抹维修用的胶水时丢的。它们都不小心变成了新的人造卫星，在环绕地球几个月甚至几年之后，它们的轨道才会降低。

扔出门的快递所面临的命运，和历年来那些从国际空间站飘走的零件、袋子、乱七八糟的设备碎片都一样。它会脱离轨道，进入大气层。

轨道快递

货运选项	时间	价格
◯ 极速（弹道快递）	45分钟	$70 000 000
◯ 优先（"联盟号"快递+航空）	3~5天	$200 000
◉ 经济（大气层阻力）	3~6月	免费

这种货运方式有两大问题：第一，你的快递在抵达地面之前就会在大气层里被烧毁；第二，就算没有被烧毁，你也不知道它会掉在哪里。要想让你的快递成功送达，你先得把这两个问题都解决掉。

首先，让我们看看怎样才能让你的快递完好无损地抵达地面。

重返升温

东西进入大气层时，通常都会烧起来。这不是因为太空有什么奇怪的属性，而是因为轨道上的一切东西都太快了。当东西以这么快的速度撞到空气时，空气没有足够的时间流走以腾出位置。所以，空气被压缩、加热，变成等离子体，并且通常会把东西熔化或汽化。

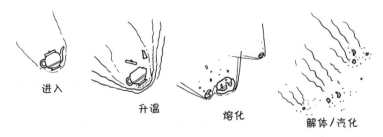

进入　　　升温　　　熔化　　　解体/汽化

为了防止航天器被摧毁，我们会在前面加上隔热盾，吸收重返时产生的热量，保护航天器其余的部分[1]。我们也会把隔热盾造成特殊的形状，这样能在冲击波和航天器表面之间形成空气缓冲层，以防最热的等离子体碰到航天器本体。

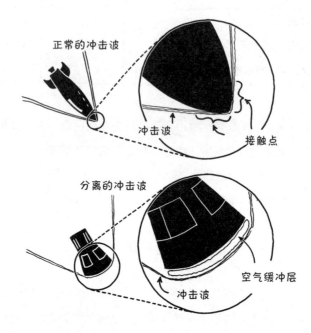

撞上大气层之后，物体的命运取决于它的大小。

地球大气层的总重量相当于一层10米深的水。要想算出一颗流星能不能砸穿它，你可以想象它真的砸中了10米的水层。如果一个东西的重量比它抵达地面时排开的水量还要沉，那它多半可以砸穿地面。用这个思路来做粗略的估算还挺管用的！

非常大的物体，像房子那么大甚至更大，具有足够大的惯性去击穿大气层并

---

[1]　为什么航天器不用火箭减速，然后以低速进入大气层，从而省掉厚重的隔热盾呢？答案很简单：需要的燃料太多了。有些航天器用火箭降落，比如"好奇号"火星车或 SpaceX 的可回收发射器，但它们大部分还是靠大气层阻力来减速的，只用火箭完成最后的着陆。

让航天器顶着重力并以足够快的速度进入轨道，所需燃料量是它自重的几十倍，所以火箭才会这么大。而把速度降下来所需的燃料大概也是这么多。这就意味着，我们不是用 20 吨燃料发射 1 吨的航天器，而是要把 1 吨的航天器加上 20 吨用于减速的燃料一起发射。现在你实际要发射的就不是 1 吨的航天器了，而是相当于 21 吨的航天器，所以你需要 420 吨燃料。和这么多燃料比起来，50 千克重的隔热盾实在是挺划算多了。

砸到地面上，都不会减速。就是这样的东西，会在地上砸出大坑。

　　小的物体，从石子到汽车，它们的个头儿不足以击穿大气层。当它们撞到大气层时，会温度升高直至解体，也可能会直接蒸发，或者二者同时发生。有时候，这些物体的残片能在进入大气层后幸存，或许是因为其他的碎片吸收了热量而保护了它们，也可能是因为它们的材料能承受再入大气层的恶劣环境。总之，如果它们挺过来了，就会失去轨道速度，以大气层终末速度垂直掉到地面。在解体过程中，它们会短暂地经历高温，但在自由落体过程中又要穿过很冷的上层大气，持续好几分钟。这就是为什么陨石被人发现的时候通常都很凉。

　　这些幸存的小碎屑击中地面时的速度相对较低。如果它们落在软土或泥地里，只能溅起一点儿水花，但不会撞出坑。这就是为什么地球上所有的撞击坑都很大，只有大而重的物体才能一路维持它们的轨道动能，最终砸到地面。有的撞击"坑"只有1米来宽，比撞击物大不了多少，有的撞击坑则有几百上千米宽，但没有介于两者大小之间的坑。

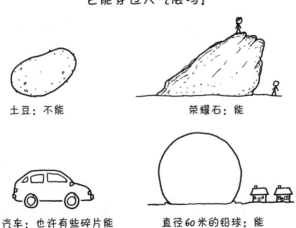

它能穿过大气层吗？

土豆：不能

荣耀石：能

汽车：也许有些碎片能

直径60米的铅球：能

　　如果没有隔热盾，航天器就会在大气层里解体。大号航天器不带隔热盾进入大气层时，通常只有10%至40%的部分抵达地面，其他的都熔化和蒸发了。所以，隔热盾才如此受欢迎。

为了在下降过程中保护你的快递，你也可以加个隔热盾。最简单的一种隔热盾叫烧蚀盾，它会一边坠落一边燃烧。与航天飞机上的隔热瓦不同，烧蚀盾无法重复利用，但它更简单，能应对的环境条件也更广泛。接下来，你只需要调整一下快递的形状，保证它朝向正确——隔热盾在前，快递在后，就可以送它上路了。

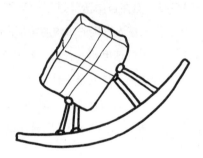

你也可以考虑为快递加个降落伞来完成最后的降落，但如果你寄送的东西很轻或者很结实，比如袜子、纸巾或者信件，那么就算它以终末速度掉到地上，可能也不会有什么损坏。

凡是人们在设计时希望它能成功重返大气层的人造物体，都会带有弯曲的保护性隔热盾，只有个别例外。

阿波罗行李箱

阿波罗计划送出7组宇航员前往月球着陆。每组携带的东西里都有一个行李箱大小的"实验包裹"，用来留在月球表面测量数据，然后把信息传回地球。7个行李箱中有6个是以放射性的钚作为能源的（第一个实验包裹，也就是"阿波罗11号"搭载的那个，更简单一些。它依靠太阳能来提供能源，但还是使用了钚加热器来保温）。

6组阿波罗乘员在月球着陆，并安置他们的行李箱。有一组，也就是"阿波罗13号"，因没能抵达月球而出了名。在部分飞船爆炸之后[2]，他们放弃了任务，飞回了地球。所有人都安然无恙，这是一次英雄行动。不过，还是让我们谈谈那个行李箱吧。

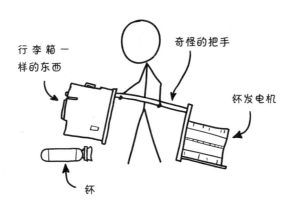

宇航员没能抵达月球，也就不能把装满钚的行李箱留在那里，所以行李箱就跟着他们回到了地球。这带来了一个问题。

只有指令舱，也就是宇航员待的地方，被设计的时候是要安全返回地面的。航天器的其他部件，包括月面着陆器，原本都应该在大气层里烧掉。指令舱的空间只够装下宇航员和他们采集的样本。行李箱和分开储存的钚核，本该留在注定完蛋的着陆器里。可是如果装钚的容器解体了，放射性物质就会散落在大气层里[3]。

幸运的是，设计行李箱的工程师们考虑到了这个可能性。钚是装在高强度外

---

[2] 没有听起来那么糟。好吧，和听起来差不多糟。

[3] 此外，那是在 20 世纪中期，你会觉得，如果他们担心大气层里的放射性颗粒，那么也许该考虑一下不要在大气层里引爆那么多原子弹。不过我懂啥呢，我当时又不在。

壳里的，大小和形状类似小号灭火器，还层层包裹了石墨、铍和钛。保护壳能让它成功重返大气层，哪怕废弃的登月舱的其他部分就在它周围剧烈地解体。

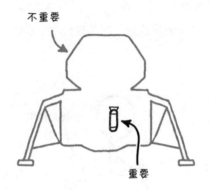

当飞船临近地球，阿波罗宇航员爬进指令舱时，他们把行李箱留在了登月舱里，然后启动登月舱的引擎，把它导向汤加海沟上方，这是太平洋最深的地方之一。这样，那罐钚就会落入海中，沉到海底。在后来的几十年里，没有检测到任何过量的放射性物质，这说明保护壳胜利地完成了任务。直到今天，这罐钚依然躺在太平洋底，应该已经衰变了一半，但截至2019年它依然能产出800多瓦的热量。也许某只寻求温暖的深海生物此刻正紧紧抱着它呢。

送一封信

想绕过重返大气层的工程学难题，最好的办法之一可能是干脆丢掉隔热盾，换成更简单的马尼拉纸信封。

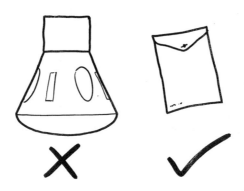

轻量物体受到的相对阻力更大，能在更高的高度开始减速，那里的空气密度也更低。因为空气十分稀薄，所以加热物体的效率比较低，虽然重入花的时间长，但最高温度会低很多。

事实上，贾斯汀·艾奇逊和梅森·派克的计算表明，纸张形状的物体如果弯曲一下，保证平面朝下，从理论上可以"软"进入大气层，并且始终不会达到特别高的温度。

如果把消息印在烘焙用的烤盘纸、铝箔或者其他轻薄且耐热的材料上，你也许可以直接扔出门外。只要形状合适，它就有可能完整地抵达地面。事实上，一组日本研究者打算真的试一试从国际空间站上扔个纸飞机下来。他们设计了能熬过重入大气的温度和压力的纸飞机，但很可惜这项计划没能实现。

从国际空间站上抛出来的快递会绕地球飞好多圈，然后逐渐下降，最终的着陆点基本无法控制。要想控制快递落在哪里，可比把它送回去难多了。

返回的航天器通常会努力控制着陆点，有些航天器做得更精准。SpaceX 设计的火箭推进器被回收时的导航精度，足以让它落在船甲板上画的靶子里，而老一代的阿波罗和"联盟号"飞船通常会偏离目标好几千米[4]。航天器在不受控制的情况下重返大气层，比如你的快递，可能会偏离指定着陆点几百甚至几千千米。

要想提高快递投递的精准度，只需要用力扔一把。使劲扔可以让快递更快地落到大气层里，不会耽搁，不用等大气阻力以不可预测的方式让它的轨道慢慢下降。但令人惊讶的是，正确的方式并不是把快递往下朝着地球扔。相反，你应该往后扔。如果你朝下扔的话，它还会以足够快的前进速度留在轨道上，只不过是一个稍微不同的轨道。你要做的，是让它减速。

快递扔得越快，着陆点就越精准。国际空间站运行的速度接近8千米/秒，但幸运的是，你不需要把快递扔那么快。在国际空间站这个高度上，只要能把轨道每秒的速度减少100米，就足以让你的快递落入大气层。不幸的是，把一个东西以100米/秒的速度抛出很难，就算是最好的棒球投手也没有突破50米/秒的投球速度。不过，高尔夫球倒是足够快。飘在国际空间站边上的高尔夫选手，可以一击把高尔夫球打出轨道。如果你的快递只有高尔夫球那么小，你可以试试这种寄送方式。

如果你以100米/秒速度发射快递，它将会以向下约1°的角度进入大气层，这意味着"碎片足迹"（包裹可能落地的区域）的长度会超过3 000千米。如果你瞄准的是圣路易斯，那么落地范围可能西抵蒙大拿州，东达南卡罗来纳州。如果扔得更用力一些，达到每秒250米或300米，你就能以更陡的角度进入大气层，"碎片足迹"缩到几百千米长。但是，不管你扔得多快多准，湍流和风的随机性都会让落点距离目标有几千米的误差。

---

[4]　阿波罗指令舱会落在海里。"联盟号"飞船会落在哈萨克斯坦的一块大空地上，不太可能砸到任何东西。

"和平号"

2001年3月,"和平号"空间站即将重入大气层。人们预测它的大部分会烧掉,但一些大件的模组有可能抵达地面。俄罗斯地面指挥中心的规划者想算准时间,让它落在太平洋上无人居住的小岛,但是没人知道它到底会落在什么地方。

快餐品牌"塔可钟"抓住了这个机会,想出了一个独一无二的促销方案:他们在太平洋上放了一块巨大的漂浮席子,上面画了一个靶子,只要"和平号"的一枚碎片击中了靶子,就给所有美国人每人一份免费塔可饼。

可惜,到最后也没有任何碎片击中靶子[5]。大部分碎片落在了南纬40度、西经160度附近的海面并沉入海底。这里被称为"飞船坟场",距离陆地很远,已经有100多架航天器的残骸在这里溅落。

和众多易趣拍卖宣称不同的是,没有任何人找到真正的"和平号"碎片。如果你真的找到了,你就可以把它带去加州尔湾市的塔可钟总部。说不定他们会允许你拿碎片换一块塔可饼。

写地址

你可能没法把快递瞄得很准。但是不要绝望,这不是说无法送达!你只需要好好考虑一下上面的地址怎么写。但是,正如美国政府在20世纪60年代所发现的,要想搞明白在太空快递的地址栏填什么,可没那么容易。

最早的美国间谍卫星用的是胶片相机,拍完照片之后,要把内含胶卷的舱体扔回地球。如果一切顺利的话,这些舱体掉下来的时候会被追踪定位,然后空军

---

[5] 塔可钟搞这个促销是认真的吗?有那么一点儿吧。他们买了一份1000万美元的保险,万一"和平号""赢"了,可以抵掉免费塔可饼的开销。这份保险来自SCA促销公司,该公司专门提供防备促销活动赢家的保险项目。如果一家公司承诺,只要有人完成一项复杂的任务就给大奖,那么公司可以交付定额保费给SCA,一旦有人完成了任务,SCA就负责赔付。不过,塔可钟为这份保险付的保费可能不是很高,因为他们把靶子放在了澳大利亚海岸附近,在重入轨道西边好几千千米。

会派飞机用很长的钩子在半空中接住它们。

这样居然也可以？

　　但事情并不都会按计划进行。好几个舱体是以失控状态返回地球的，其中有一个落在了斯瓦尔巴德附近的北极区域，再也没人找到。1964年年初，一颗"日冕号"侦察卫星（拍摄了几百张照片之后）在轨道上坏掉了，停止响应，并开始慢慢不受控制地重入。政府官员非常焦虑地观望着，想判断出它会在哪里进入大气层。最终，情况变得明朗了，它会在委内瑞拉附近的某个地方着陆。

　　该地区的观察者被告知要注意天空。1964年5月26日，人们看到碎片划过了委内瑞拉的海岸上空。

　　官员们以为它落在了海里，但实际上它落在了委内瑞拉和哥伦比亚的边界。几个农民找到了它，把它拆开，拿走了里面的金碟子[6]，还想把剩下的部分卖掉。一个农民用降落伞线给他的马做了一套马具。发现没人想买后，他们把太空舱交给了委内瑞拉当局，而当局则通知了美国。

　　直到1964年，返航太空舱上还用吓人的字体标记着"美国"和"秘密"，为了阻止别人打开太空舱，接触里面的机密。从1964年发生这起事件之后，美国政府改变了他们的标签策略。上面不再有严厉警告，而是换成了一条简单的信息

---

[6]　金碟子是一项科学实验的一部分。这个实验也是保密行动的一部分，以防有人问起这颗卫星在天上干什么。

（分别用了八国语言）：把这个太空舱送到最近的美国领事馆或者大使馆的人，可以领到赏金。

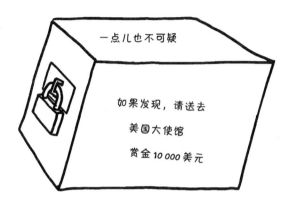

如果想让发现你快递的人帮你转给本来的收件人，也许贿赂他是个办法。
请投递给：

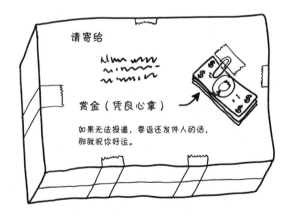

16 如何给你家供电

（在地球上）

你有一屋子的东西需要插在插座上。你要怎样弄到电呢?

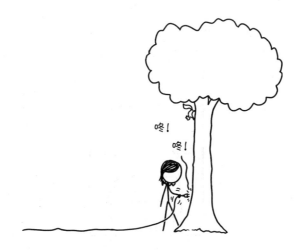

典型的美国家庭一年的平均耗电功率大约是1千瓦。以2018年的电价计算,这相当于一年花费的电费是1 100美元。你在家里能不能找到更便宜的替代方案呢?

让我们看看你有可能利用上的各种资源,就拿典型的美国房屋来举例。

在美国，一幢新建的供一家人住的房子，所占地皮面积的中位数是800平方米，其中25%是房子。假定你住在这样一幢房子里面，并且正在考虑你的这一小块土地上有什么能源可以为你所用。

从传统上讲，如果你拥有一块地，你就拥有这块地上方的空气柱和下面的土。就像一句格言所说："你拥有的地产上抵天堂，下达地狱。"

在现代社会里，你向上的所有权会受到各种各样的限制，包括当地的城市规划法律、联邦航空管理条例，还有1967年外太空条约，该条约禁止对外太空宣称

所有权。你向下的所有权也会被一个事实限制——矿产权和地产经常是分开售卖的，所以你可能拥有地皮，但并不拥有地底下埋的所有东西。

不过，我们就先假定你拥有完全的所有权吧。以下是你在这三块区域里分别能找到的一些资源。

第一部分：土地

植物

植物长在地里，有时候过于茂盛，你得花很大功夫才能阻止它们。

植物可以用来当燃料，虽然这可能不是最清洁、最有效的发电方式。如果你在土地上种树再砍树，可以靠烧木头来获得稳定的电能供应。

如果可能的话，你的森林最好大部分位于房子向阳的那一边（如果在北半球，那就是朝南）。

林地的生产力高低取决于管理方法，不过美国国家自然保护区协会估计，16.13平方千米的针叶林在相对粗放的管理方式下，大约可以持续产出1兆瓦的电能。这就意味着，如果你把院子种满树（除了被房子占用的那25%的面积），那么你能产出的电能会是……

$$\frac{800m^2 \times 75\% \times 1MW}{16.13km^2} = 37W$$

……37瓦，够给你的手机充电，也能运行平板电脑或者小型笔记本电脑，但是要给整幢屋子供电，那还差得远呢。

其他作物可能更高效，比如，在美国中部的大部分地区，每4 000平方米柳枝稷可以达到1千瓦的电能产出，有些别的地方是这个数字的两倍甚至三倍。不幸的是，哪怕你连院子带屋顶都种满柳枝稷，也不够为你的整幢屋子供电。

水

水在重力的作用下流过地面，这些重力产生的能量可以被水力涡轮机收集起来。

美国的全部陆地领土平均每年的降雨量为79厘米，而平均海拔则是760米。假如美国是一个760米高的均匀高原，雨水落在上面然后从边缘泻出来……

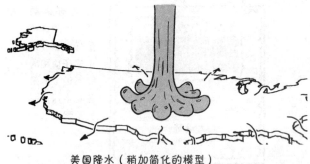

美国降水（稍加简化的模型）

……就能产出1.7太瓦的能量：

$$\frac{79cm}{年} \times 美国陆地面积 \times 水的密度 \times 9.8\frac{m}{s^2} \times 760m = 1.7TW/年$$

美国一共有1.2亿个家庭，每个家庭每年可以分到14千瓦！

但是对你家而言很不幸的是，这个估计过于乐观了。绝大多数美国降雨都发生在海拔较低的地区，并且不是所有的雨水都会流入容易发电的河流。能源部估计，美国全部可用水力发电量约为85吉瓦（要想都用上，必须在野生动物保护区和旅游区筑大坝），只有1.7太瓦的1/20，也就是说，每家每户只能分到700瓦。

第二部分：地狱

埋藏的燃料

如果你的800平方米地皮代表美国国土的1/12 000 000 000，让我们想象一下它也拥有美国可开采矿产储量的1/12 000 000 000。当然，现实中所有这些资源都是一小片一小片地分布在全国各地的，所以，你拥有的矿藏要么远多于此，要么远少于此。但是假如它们是均匀分布的，那么你的地皮下面会有这些东西：

■3桶原油。每桶原油可以提供6吉焦的能量，所以3桶油能为你家供电8个月。

■1 100立方米天然气，足够为你家供电16个月还多一点儿。

■19吨煤。煤的能量密度大约是20兆焦/千克，所以19吨煤可以为你家供电12年。

■40克铀，用传统核反应堆能给你家供电几个月，如果用先进的快中子反应堆，能供电10年以上。快中子反应堆要高效得多，但运行成本也高得多，而且需要把铀浓缩到接近核武器可用的程度，所以国际管理机构可能会感到紧张。

把这些全部加起来，你家地下埋藏的燃料能为你提供几十年的电力。

在现实中，你的一小块地不会真有全部燃料矿藏。最大的可能是，你的地里啥也没有。就算有，一个房主自己把它们挖出来所需的能量也比它们产出的能量更多。再说，人类要是把地底下所有的化石燃料都拿出来烧掉，肯定会对地球气候产生影响，所以最好还是让它们留在地里。

地热能

地球依然在慢慢散失热量，有些热量是在这颗行星最初坍缩成一个球的时候产生的，有些则是地球内部钾、铀和钍放射性衰变产生的。地球冷却的方式是通过地表来散热。在大部分地方，因为这种热量太过微小，所以难以被探测到。但在个别地方，就不容忽视了。

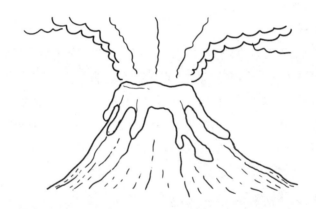

在地质不太活跃的地方，典型的热流量是50毫瓦/平方米，所以原则上你的地产应该可以不间断地获得40瓦电力供应。真正的地热发电要往地下打很深的井，把水灌进去，用温暖的石头加热水。周围的区域会补充你用掉的热量，所以，其实你是从所有人的脚底下吸热。

实际上，只有在地质比较活跃，地表温度很高的地方，地热能才是划算的。

加利福尼亚州北部有个占地面积很大的电热厂，名叫"间歇泉"，每平方米大约产出19瓦能量，如果你正好住在那里，就很容易为你的房子供电。换成地质不太活跃的地区，地热能最多只能作为一点儿额外的热水来源。

地质板块

住在断层线上自然有不好的地方，但也许你能找到办法从中获益。大地施加力量发生移动，而力乘以距离就是能量。每年两三厘米的移动虽然很少，但这背后是近乎无限的力量。你能不能用它来发电呢？

从理论上说，能！

假如你建造了一对巨大的活塞，锚定在断层两侧的一大块地壳上，让活塞压缩中间储存的液体。

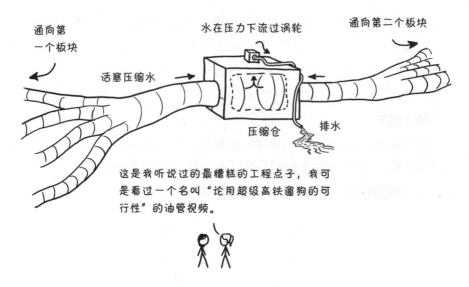

通向第一个板块

水在压力下流过涡轮

通向第二个板块

活塞压缩水

压缩仓

排水

这是我听说过的最糟糕的工程点子，我可是看过一个名叫"论用超级高铁遛狗的可行性"的油管视频。

液体遭受的压力会逐渐增加，从而驱动涡轮。从理论上来说，这个装置产生的压力极限取决于活塞能承受多少压力。如果活塞材料的最大抗压强度是 800 兆帕，宽度和你的院子一样，高是宽的两倍，活塞头的表面积就是 1 600 平方米。那么要计算总的理论功率输出，只需把断层运动的速度乘以活塞面积，再乘以压强：

$$\frac{2.5\text{cm}}{\text{年}} \times 1\,600\text{m}^2 \times 800\text{MPa} = 1\text{kW}/\text{年}$$

整个装置十分荒谬，而且有很多在技术上根本行不通的问题。如果你真的试着造一个，很可能还会发现一些新问题。但说它荒谬的原因之一是成本。

把发电机锚定在地壳上所用的"根"必须向外伸出很远，不然，地壳只会断裂，形成新的断层线。这些"根"的总体积将会是数百万立方米。假如它们都是钢做的，朝每个方向延伸 5 千米，那么总重量会达到 600 亿吨，大概需要花费 400 亿美元。

400 亿美元当然是一大笔钱，但是你每年的电费能省下 1 100 美元。以这个速度，收回成本只需要短短的……

$$\cfrac{400\,亿美元}{\cfrac{1\,100\,美元}{年}} = 3\,600\,万年$$

……3 600万年。

第三部分：天堂

太阳

一块地平均接收到多少太阳能，取决于纬度、云量，还有一年中的不同时间。不过在美国，这个数值大概是200瓦/平方米。这是全年平均值，太阳位于天空中最高位置时的功率能达到1千瓦/平方米，但有几个因素会把平均值拉低，比如，云、季节和黑色的夜空（电力公司计算电的时候一般用千瓦时，也就是"度"。用这个单位的话，200瓦相当于每天5度电[1]）。

现代太阳能板能把大约15%的太阳能变成电能，所以如果你的院子铺满太阳能板，可以获得24千瓦电，这可比你需要的多得多：

$$800m^2 \times 200 \frac{W}{m^2} \times 15\% = 24\,000W$$

要想提高效率，你可以倾斜一下太阳能板，让它面向太阳，这样要么能覆盖更大的面积（以邻为壑），要么能用更小的地面面积获得同样多的能量……

几种太阳能板布设方案

简单，相对低效

通过倾斜放置和屋顶
放置提高效率

优点：十分高效
缺点：惹恼邻居，让你一
辈子生活在黑暗中

但是这样做的效果其实不太明显。用太阳能发电的限制因素往往不是可用面积，而是太阳能板的价格。4 000平方米的太阳能板在2019年的价格超过了200万美元——如果你想把能量存起来以防太阳消失的话，还得花更多钱。

2019年的电费是13美分/千瓦时，以此衡量，上述例子中土地上的一块太阳能板要花14年才能收回成本。不过，各种减税补贴以及把多余电力卖回电网，也许能大大缩短回本所需的时间。有些地方阳光充足，或者可持续能源补贴很多，

---

[1]　注意一下单位："1.38 千瓦"并不是一个每年的数值，只是美国根据时间算出的消耗电力的平均速率。人们习惯用千瓦时（提供 1 千瓦的电持续 1 小时所需的能量）来衡量耗电量，因为电价是这么定的，买电也是这么买的。这没有任何问题，但是从物理学的角度来看，就有点儿奇怪了。说到底，每年平均多少千瓦时，可以直接用"千瓦"来表达嘛。这就像是在说一条路的宽度是"10 000 平方米 / 千米"，却不说这条路 10 米宽。

装太阳能板短短几年就能回本。

风

有多少风能可用，取决于你生活的地方风有多大，以及你愿意把涡轮机建多高。通常来说，越高的地方风速越大，所以造一台更高的涡轮机，就能获得更多能量。美国国家可持续能源实验室针对不同高度的涡轮机，绘制了潜在可用风能的全美地图。风能是用瓦/平方米来计量的，我们可以用这个数据算出，一台特定大小的涡轮机会有多少能量通过。

在圣路易斯这样的地方，风力大概是"正常"的，离地50米高的地方风电潜力是100瓦/平方米，到100米高度时是200瓦/平方米，200米高度可能有400瓦/平方米。在风非常大的地方，比如落基山脉，风电的密度可能是前者的4倍；而在没什么风的地方，比如佐治亚和亚拉巴马中部，可用的风能大概只有正常情况的四分之一。

如果你的800平方米土地是正方形的，就能装下直径28米甚至40米的涡轮机，不过是在盛行风允许你把涡轮机沿对角线放置的情况下。

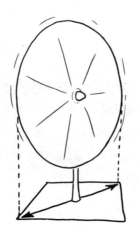

　　直径28米的涡轮机，面积约为615平方米。如果它安装的高度是50米，风电潜力是100瓦/平方米，那么可用的功率将是61.5千瓦。涡轮机的效率并非100%，因为贝茨定律，它永远不可能捕获60%以上的风能。实际上，因为风速会变，转换也会被损耗，涡轮机平均捕获的能量会接近总可用电力的30%。但61.5千瓦的30%也有18.5千瓦，足够为你的房子供电，再加上18幢邻居的房子。

　　造福邻里对你来说也很有实际意义，因为一架直径28米、距离地面50米的涡轮机可能会在你的街道上制造一些麻烦。扇叶底部距离地面只有36米，但愿你没有种什么特别高的树[2]。最好也不要鼓励邻居小孩放风筝。

---

[2]　有的话，也不会种太久。

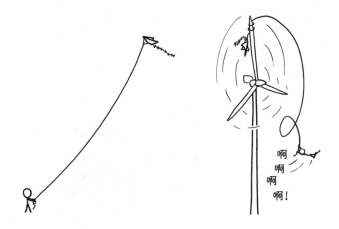

啊
啊
啊
啊！

尾声：空间本身

有些关于宇宙的理论模型认为，组成空间的量子场是存在于所谓的"假真空"之中。大爆炸之后，组成空间的结构从高能、混沌的量子泡沫逐渐冷却稳定，才变成了现在的样子。按照这些模型，它们冷却稳定后也不是真的稳定，时空内部还留有一定程度的张力，假如以特定的方式扰动它，这些张力会被释放出来，整个空间进入完全松弛的稳定状态。

在这些模型里，假真空意味着每立方米的空间里都蕴藏着海量的能量。你的院子里就有许多容易抵达的空间，那么你能不能触发真空衰变，从而永远解决你的所有问题呢？

为了解答这个问题，我联系了天体物理学家兼宇宙末日专家凯蒂·麦克博士。我问麦克博士，如果有人在自家院子里触发了真空衰变，能释放出多少能量，这些能量能不能用来给自家房子供电。她回答："请不要这样做。"

"如果你能让真空局部衰变，那么在原则上可以释放出希格斯场的能量，可能会表现为极度高能的辐射，"她说，"但是在得到能量的同时，你也会得到一个真正真空，并以光速扩张的泡泡，所以你不可能在泡泡把你吞噬之前利用任何能量。这个真空泡泡会把你烧成灰烬，然后摧毁你所有的粒子，再把整个宇宙吞噬掉，立刻让宇宙坍缩。"

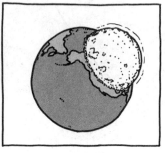

对我们来说幸运的是，宇宙已经存在了这么久都没有衰变，这意味着就算"假真空"的理论是正确的，真空衰变在短期内也不太可能发生。

"如果我们现在对粒子物理的理解是正确的，那么真空衰变基本上无法避免，但是它在接下来几万亿年里发生的概率小到可以忽略不计。有更好也更有效的办法获得能量。"麦克博士补充道，"比如，为什么不造一个迷你黑洞，像围着篝火取暖一样利用它发出的霍金辐射呢？黑洞质量合适的话，你可以得到一团暖和且稳定的热源，持续好多年后它最终才会在辉煌的爆炸中解体。"

这听起来实用多了。

17 如何给你家供电

（在火星上）

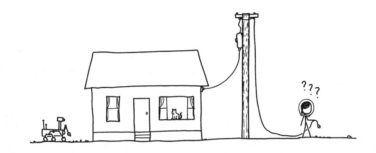

在火星上，弄到电要比在地球上难。

其中一大原因显然是：没有电网。但就算我们在火星上建了个电网，地球上常用的电力来源在火星上也没那么好用。

电力来源	在火星上能用吗?	原因
风能	基本不能用	空气太稀薄
太阳能	没那么好用	太阳离得更远
化石燃料	不能用	没有化石
地热能	没那么好用	地质活动太少
水力	不能用	没有河
核能	不能用，除非自带燃料	需要浓缩铀
聚变	不能用	连地球上都不能用

但是火星上有一种非常不同寻常的潜在能源。为了获取它，你只需要毁灭一颗卫星。

火卫一

我一直都想毁灭一颗卫星。

你倒是不需要因为灭了火卫一而感到难过，它早就注定要完蛋的。

地球的卫星（月亮）环绕地球转动的速度比地球自转慢，所以地、月之间的潮汐力会让地球的转速放慢、月亮的转速加快。因为潮汐力让月亮更快，所以会慢慢把月亮往外甩[1]。在火星上，情况就不同了：火卫一的公转速度比火星自转更快，所以潮汐力会把火卫一往内拉，导致它的轨道越缩越小。随着时间推移，火卫一会离火星越来越近。

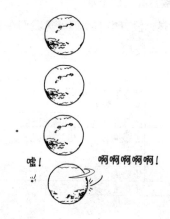

嘘！

啊啊啊啊啊！

火卫一和别的卫星相比，可能不算很重。比如，月球就比它重700万倍。但

---

[1]　关于此事的更多信息，参见第 27 章——如何准时抵达某地。

以人类的标准来看，它还是相当大的。

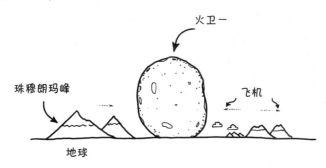

火卫一的质量和速度，意味着它环绕火星运行时携带了相当大的动能，这都是我们有可能用上的。

火卫一缆索

以前就有人提议过在火卫一上连一根缆索。正常情况下，这一提案的目标是利用火卫一的位置和轨道动能，高效地把大件货物运抵或者运离火星表面。具体方式一般是把缆索的一头当作"天钩"，抓住离开火星表面的货物。

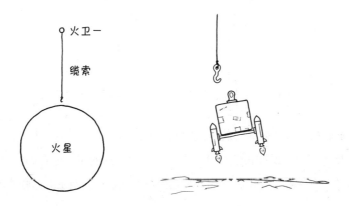

但是缆索也可用来直接从火卫一提取能量。如果你在火卫一面向火星的那一侧连一根5 820千米长的缆索，它的末端会下垂到火星的大气层里。坠下来的这头儿会以530米/秒的速度飞过火星大气。在地球上，这大概是声速的1.6倍，但是火星的大气层里大部分是二氧化碳，声音在这里传播得更慢[2]，所以530米/秒是火星声速的2.3倍。

风力涡轮机

火星表面的风力涡轮发电机不怎么好用，因为空气太过稀薄，移动也很慢，就连转动涡轮叶片都有困难。但是缆索的末端会经受2.3马赫的风，这可就是另一回事儿了。流经缆索的空气大概携带150千瓦/平方米的能量。在直径20米的涡轮里，可能会有50兆瓦能量流过去，这些能量足够给一整座城镇供电。

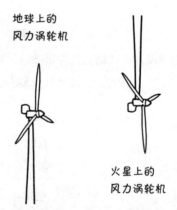

地球上的
风力涡轮机

火星上的
风力涡轮机

风力涡轮机一般不是为了超声速的风而设计的，因为在地球上，除了陨石撞击、火山爆发和核武器冲击波之外，难得遇上超声速的风。但是确实有些涡轮，人们在设计的时候就是为了将它们安装在超声速飞机和火箭上。这样的涡轮从流

[2]　因为火星上的声速要慢一些，所以如果在火星上讲话，你的声音听起来会明显更低沉。

过机体的空气里获得能量，部分原因是在引擎熄火的情况下，依然可以为飞机的其他系统供能。超声速涡轮机的外形是流线型的，叶片很短、很宽，你的火星风力涡轮机很可能会更像它，而不太像典型的风力发电机。

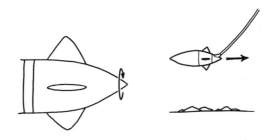

你的涡轮机会被火卫一拖着飞过火星的大气层，这会损耗火卫一的动量，让它逐渐螺旋靠近火星。你挂上的涡轮机越多，产生的能量就越多，火卫一就下降得越快。注意：随着火卫一越来越低，你需要缩短缆索，免得撞到地面。还好，缆索短了的话，不用很粗也能支撑你的重量，所以随着时间推移，你能用同样多的缆索支撑更多涡轮机。

把火卫一拉到火星大气层顶部所能获得的总能量如下：

$$G \times 火星质量 \times 火卫一质量 \times \frac{1}{2} \times \left(\frac{1}{火星半径+100km} - \frac{1}{9\,376km} \right) \approx 4 \times 10^{22}J$$

平均来说，每个美国人使用1.38千瓦的电力。这意味着火卫一的轨道携带的能量，足够让所有美国人用上3 000年的电。就算有很多邻居搬过来，火卫一的电也足够大家用。

所有太空缆索计划都需要海量的原材料，这个计划也不例外。就算是一根从火卫一连到火星的小缆索，也有好几千吨重，随着你加上越来越多的涡轮，它的重量还会一直增加。缆索涡轮机发出的电与缆索施加在涡轮上的力成正比，所以涡轮机的发电功率每增加1瓦，就意味着缆索的张力多了一点点，所以缆索要做得更粗才能支撑它。反过来说，我们可以认为，每增加1千克的缆索材料，都会额外"发"出一定量的电。

缆索的重量以及它的发电效率，取决于你用什么材料，还有很多工程上的细节。但总的来说，每条缆索每千克最多会产出2瓦电力。因为缆索可以在几十年里无限发电，所以以2瓦/千克的速度逐年积累起来，单位质量的总能量要比电池或石油、煤这样的普通燃料多得多[3]。

涡轮机的效率可能不高，但很难预测它到底有多高。因为气流在本质上是无限的，你主要关心的应该是减少缆索"浪费"掉的阻力，而不是让涡轮机捕获流经缆索的空气中的所有能量。也许其他涡轮机会设计得更高效、更可靠，你最好各种方案都试试，比如达里厄式风力涡轮机、风阻式涡轮机，或者马格努斯效应涡轮机，它们都已经在地球上找到了特定的使用场合：

风力涡轮机

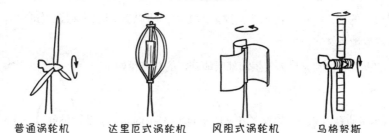

普通涡轮机　　达里厄式涡轮机　　风阻式涡轮机　　马格努斯效应涡轮机

除了涡轮带来的效率损失之外，你还得考虑一下怎样才能把涡轮机的能量传输到你在火星上的房子里，这肯定还会带来更大的损耗。能量传输可以通过各种方式，比如微波输能，或者往地上扔一大堆充电电池。

---

[3]　但是还远远不能和钚相比。每千克钚电池可以产出好几百瓦的能量，并且持续好几十年。但是很难找到大量的钚。"好奇号"火星车——也许是你的火星邻居——用的电源是一块5千克重的钚，NASA花了很多钱才搞到它。

火卫一   火星

如果卫星的轨道离行星本体太近，潮汐应力有可能强到足以把卫星表面的东西撕下来。这种情况发生时的距离叫作洛希极限。随着火卫一离火星越来越近，它可能会分裂成一串碎屑环。要想阻止这种事情发生，你可能得拿一张高强度的网把火卫一裹起来，也可以让它先碎成几颗较小的卫星，这样每颗卫星就会更容易被网包住。

这种轨道涡轮机会有一个非常奇特的属性：用得越久，发电越多。你的缆索会给火卫一施加阻力，让它下降……可是当它下降时，它的速度也会上升，因为更低的轨道总是速度更快。这就意味着缆索会更快移动，出现更快的气流，产生更大的涡轮发电功率。在火卫一的生命周期中，缆索提供的电力将稳步增加。

当火卫一掉下来

早晚有一天，阻力会把所有 4×10^{22} 焦耳的能量从火卫一里提取出来，也许是几千年后，也许只是短短几年后，这要看你的房子用了多少电以及其他殖民者是不是也在用涡轮机发电。那时，火卫一将抵达火星的大气层。

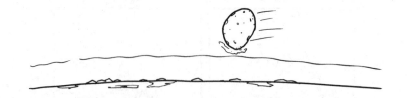

火卫一的大小，和白垩纪末期撞上地球的那块石头差不多，那次撞击导致了大部分恐龙灭绝。火卫一撞击火星，不管是一次性撞上，还是裂成好几块分别撞，由此带来的破坏力都差不多。在几千年的时间里，缆索消耗了火卫一的引力势能，把 $4×10^{22}$ 焦耳的能量传到了火星表面，还导致火卫一下降、加速。火卫一与火星表面的撞击也会产生同样多的能量，不过是一股脑儿地释放出来。

火卫一的撞击将在火星表面留下一道长长的伤痕，还会把大量的碎屑撒入太空，大部分碎屑将以熔融石头雨的形态回落，砸在火星表面的每一个角落。就像经常发生的那样，一种"免费"能源最终带来了长期性的可怕后果。

不过，这个末世场景也不是全无好处。有那么一小会儿，在"熔岩雨"停歇之前，火星上一些低洼谷地会迅速升温，足以让液态水在火星表面形成稳定的池塘。

如果你的房子恰好位于这样的谷地里，请参见第2章——如何举办一场泳池派对。

18 如何交到朋友

如果你从现在开始走路，早晚会撞到什么人。

这可能得花上一阵子。你可能很走运，直接走进人群中，但如果你所在的地方人烟稀少，可能要走几个星期才能碰到别人。如果某一个区域里有一些人，你随机地从一个地方出发，根据物理学上"平均自由程"的概念，就可以计算出你撞到一个人所需的时间。

随机碰撞几何学

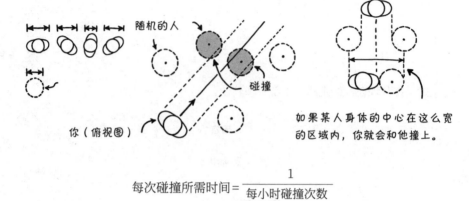

随机的人

你（俯视图）

碰撞

如果某人身体的中心在这么宽的区域内，你就会和他撞上。

$$每次碰撞所需时间 = \frac{1}{每小时碰撞次数}$$

$$= \frac{1}{(肩宽 + 平均上身直径) \times 速度 \times 区域人口密度}$$

有些地方会让你更容易撞上人。以下是在几个不同区域里两次碰撞之间的平均间隔时间：

- 加拿大：2.5天
- 法国：2小时
- 德里：75秒
- 巴黎：40秒
- 座无虚席的亚特兰大梅赛德斯奔驰体育场：0.6秒
- 比赛进行时的赛场上：3分钟

显然，如果你想用身体撞到别人，那么在挤满人的美式足球场上要比在加拿大的北方针叶林里更好。如果你真的要去体育场试一试，那么在看台上的碰撞会比赛场上的更多，虽然赛场上的碰撞可能会更疼一些。

但是在大多数时候，偶然的相遇并不会带来友谊。这没什么不好。偶尔你会听到有人抱怨"应该让大街上的路人从他们的日常生活中摆脱出来，这些人过分沉迷于自己的小世界"。但是，每个人都有自己的生活。你在渴望人与人之间的交际时，他们不一定也在寻求。

所以，既然与别人产生联系这么困难，那么人们到底是怎么交到朋友的？

我们可以通过调查问卷看看别人都是在什么地方交到朋友的。1990 年有一份针对美国人的盖洛普调查，询问他们都是在哪里遇到大多数朋友的。最常见的回答首先是工作场合，其次是学校、教堂、小区、俱乐部和组织机构，以及"通过其他朋友认识"。

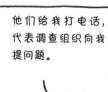

　　鲁本·J.托马斯博士在《社会学视角》期刊上发表过一篇更完整的调查研究，询问1 000个美国受访者是如何与自己最亲密的两位朋友相遇的。这项研究对他们的回答进行统计，了解不同年龄段的人是如何建立友谊的。

　　有些朋友来源相对稳定，不管是什么年纪，人们都有20%的新朋友来自家庭成员、共同好友、宗教组织或者公共场所。其他的朋友来源则在人的一生中有所变化，一开始学校有着压倒性优势，后来是工作场合。随着人们逐渐临近退休年龄，他们越来越可能在小区和志愿者组织里交上新朋友。

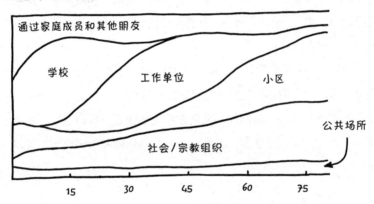

随着年纪变化，人们从哪里交朋友？

改编自鲁本·J.托马斯 2019 年发表于《社会学视角》的论文
《贯穿人生历程的友谊与结构引起的同质化》。

　　别的不说，这些研究至少能让我们知道别人都在哪里交朋友。要想让你最有可能交到新朋友，你倒不一定非要去这些地方，但它们确实是大部分友谊的诞生之地。

　　一旦你遇到了某个人，要怎么把相识变成友情呢？

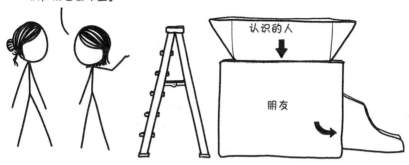

坏消息是：没有任何神奇的公式或者诀窍能把别人变成你的朋友。如果有的话，那就意味着你可以把这一招用在任何人身上，不管这人是谁，不管他心里怎么想。而如果你不在乎这个人是谁，也不在乎他的感受，那你就不是人家的朋友。

伊曼努尔·康德提出了一条叫作"定言令式"的原则，这是他的伦理学核心观点。他用好几种不同的形式表述了这条原则，其中第二种表述形式节选如下："以你对待他人的方式行事……绝对不能仅仅当成手段，而要永远将其看作目的。"

在特里·普拉切特的小说《扼住咽喉》（*Carpe Jugulum*）里，有个人物叫威泽韦克斯奶奶，她曾用更简洁的方式表述过这一原则。有个年轻人想告诉奶奶，罪恶的本质非常复杂。她说，不，其实很简单。"罪恶，就是把人当成东西来对待。"

不管你是否信服定言令式的哲学，它都是很实用的建议，因为如果有人被当成东西对待，人家是能感觉出来的。人类虽说有很多缺点，但在揣测别人意图这方面，确实有成千上万年的经验，这个技能可比我们用语言表达感受的本领更古老、更深刻。我们也许很短视、很糊涂，还老是犯错，但我们隔老远就能闻到轻蔑和傲慢的气息。

所以，虽说认识别人可能不难，但没有一套简单的流程，让你按部就班地和他们交上朋友，因为友谊意味着在乎别人的感受。光靠你自己，没有办法判断别人是怎么想的，再多的研究和思考也没有用。你必须去问他们，并且听听他们都说些什么……

如何吹生日蜡烛

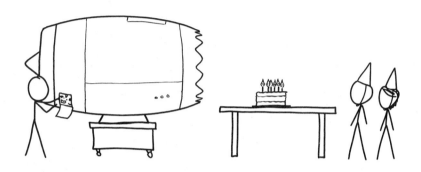

如何遛狗

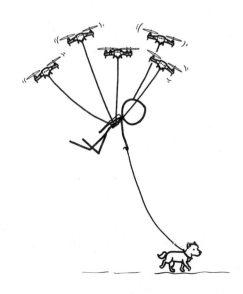

19　如何传输文件

把很大的文件传给别人，有时候会很麻烦。

现代软件系统已经逐渐远离了"文件"的概念。这些系统不会给你看一个装满图像文件的文件夹，而是向你展示一组图片。但是文件依然存在，在接下来的几十年里大概也会如此。只要还有文件，我们就需要把它传给别人。

包含文件的计算机

你想要传输文件的对象

传文件最简单、最直接的办法，就是拿起存有文件的设备，走到接收者面前，直接递过去。

带着电脑走路可能会有些困难，特别是早期那些有一整间屋子那么大的电脑。所以，与其把整台电脑搬过去，你不如只取下电脑里包含文件的那一小块部件，然后把它拿给别人，让他们传输到自己的设备上。台式电脑里的文件可能存储在硬盘里，通常都可以在不损坏电脑的前提下把它取出来。

但是在有些设备上，文件存储是和其他电子元件永久固定在一起的，把它们取出来就更难了。

更方便、破坏性更小的解决方案，是用可插拔存储设备。你可以把文件复制到这个设备上，再把设备交给对方。

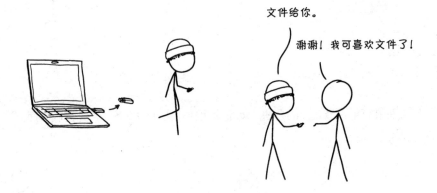

随身携带存储设备是一种高带宽信息传输方式。能装满一个行李箱的MicroSD存储卡包含PB级数据，如果你要传输海量数据，把装满磁盘的箱子寄给对方肯定比网上传输更快。[1]

如果你想把数据传输到一个特定的地方，但那里太远了，又不适合走路，邮寄也不方便，比如一个附近的山顶，那你可以试试用某种自动驾驶载具。比如，货运无人机就可以很容易地运载SD卡小包裹，里面能装好几个TB的数据。

---

[1] 关于这一问题的更多信息，请参见《那些古怪又让人忧心的问题》一书的联邦快递那一章。

因为电池电量有限，所以四轴无人机的远距离工作能力并不怎么样。如果一台无人机必须携带自己的电池，那它只能在空中盘旋一段时间。如果要飞得更久，它就要带更大的电池，但这意味着机身要承载更多的重量，耗电也更快。就像靠喷气式发动机飞起来的房子最多只能滞空几个小时[2]，杯碟大小的小型无人机一般只能在空中飞几分钟。用来拍照的无人机大一些，通常也飞不到一个小时。哪怕无人机飞得很快，带着MicroSD卡的迷你无人机飞上几千米就会精疲力竭。

---

[2]　请参见第 7 章——如何搬家。

把无人机造得大一些、安装太阳能电池板，或者让它飞得更高、更快，这些办法都可以延长航程。你也可以转而求助于真正的高效远距离飞行大师：

蝴蝶。

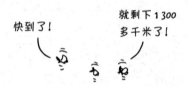

君主斑蝶在北美的迁徙路线长达几千千米，有些仅需一个季节就能从加拿大一直飞到墨西哥。如果你在美国东海岸的春季或秋季抬头仰望，有时能看到它们在上百米的空中从你的头顶无声地滑翔而过，它们超长的飞行距离让无人机甚至很多大型飞机都自愧不如。

你也许会觉得，拿蝴蝶和电池驱动的飞行载具作比较，会有些不公平，因为蝴蝶可以停下来吮吸花蜜为自己"充电"。如果有条件的话，蝴蝶当然会停下来"加油"，但这不是必需的。另一种蝴蝶——小红蛱蝶，飞起来更厉害。它能从欧洲飞到中非，全长4 000千米，途经地中海和撒哈拉沙漠。

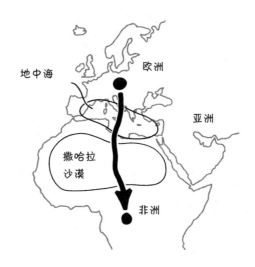

　　蝴蝶飞完全程只靠储存的一丁点儿脂肪作为能源，之所以能比无人机的飞行高效这么多，部分原因是它们会翱翔。它们会寻找热气流柱和地形波，然后稳稳地撑开翅膀，乘着上升气流向上飞行，就像秃鹫、鹰或者雕一样。

　　如果你想把你的文件传给住在蝴蝶迁徙路线上的某个人，能不能让蝴蝶帮你运送呢？

　　蝴蝶可以载重。在类似"君主斑蝶观察团"这样的组织里，志愿者每年会给几万至几十万只君主斑蝶贴上标签，来追踪它们的迁徙路线并监控种群数量（最近几十年里，它们的数量正在衰减）。小号的标签大约只有1毫克重，但是君主斑蝶带着10多毫克的大标签也能完成迁徙。

　　MicroSD卡的重量是几百毫克，和一只蝴蝶的体重差不多，所以蝴蝶携带它大概会有些困难。不过，存储卡完全可以做得更小。MicroSD卡里面是很多存储芯片，这些芯片的存储密度可以达到10亿字节/平方毫米。按照这个大小来算，一只蝴蝶携带一枚存储了10亿字节数据的微小芯片会很轻松。如果你的文件更大，可以拆开并分给很多只蝴蝶，再多送几份作为备份。

等你的数据终于抵达目的地时，收件人必须检查好多只蝴蝶，才能把文件的所有部分组装起来。你可能需要开发某种非接触式蝴蝶扫描器，让对方可以同时扫描多只蝴蝶。

使用基于DNA的存储方式就可以避免这个问题，还能大幅增加你的带宽。研究人员已经成功地把数据编码到了DNA样本里，然后对DNA进行测序以提取数据。这种系统能够达到的存储密度，要远远超过芯片的一切潜力，只用1克DNA，就可以存储并提取几百拍字节的数据。

每年有几千万至几亿只君主斑蝶抵达墨西哥，它们在群山间结成巨大的群落过冬。如果你给其中1 000万只蝴蝶装上微小的口袋，每个口袋里放入5毫克DNA存储，那么蝴蝶大军的总容量将会是10泽（10 000 000 000 000 000 000 000）字节，这大概是21世纪10年代后期这一时间段里所有存在的数字化数据的总和。

如果天气温暖，风向有利，又赶上一年里合适的时节，你可以用蝴蝶给别人送去整个互联网。

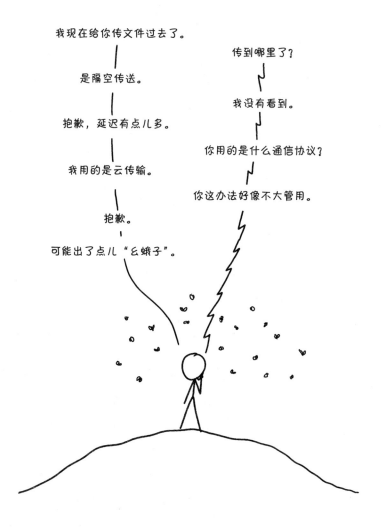

20　如何为手机充电

（当找不到插座的时候）

　　给手机充电最简单的办法是把它插到插座上。不幸的是，在需要插座的时候，你不能总是找到它。

　　有时候就算找到了插座，上面也已经插了别的东西，比如，别人的手机或是无人看管的设备。如果你随身带了便携式插线板，你可以暂时把已有的插头拔下来，接到你的插线板上，然后用其中一对插座孔给自己的手机充电。不过，做这种事情的时候要小心。

　　如果你根本找不到插座，这个任务就变得更难了。如果没有友好的墙壁为你提供电能，你就得找个其他办法从环境里获取能量。

　　人类从各种各样的自然环境里获取能量。我们燃烧东西来获得热能，从太阳光里收集能量，占地下热能的便宜，还能利用风和水的运动驱使涡轮机的叶片转动[1]。

---

[1]　关于使用户外能量来源的更多内容，请参见第 16 章——如何给你供电（在地球上）。

从理论上来说，所有这些技术在室内也有效，但是会变得更困难。当然，你在机场能找到光、热、流动的水，还有可燃物，但是它们的数量通常都比室外的少很多。一部分原因是，在人造的环境里，所有的东西都是某个人放在那里的。在物理学中，能量和功是等价的。如果某个人造装置向周围排放的能量足够多，足以让你愿意花时间去收集它，那么让这个装置保持运转的人就一定是白白地做了很多功。

但和大部分人类不同，行星和恒星对免费做功没有任何意见[2]。太阳把光倾注到整个太阳系里，就连空荡荡的地方也不例外，并且一连几十亿年都不停歇，你架起一块太阳能电池板捕获其中一丁点儿热能就可以了。在室内，可获取的能量不多，所以就没这么简单，但还是有可能的。以下是一些在机场或商场里可用的获取能量的方式。

水

机场可能没有河流，但通常有自来水。水从水龙头和饮水池里流出来，没人规定你不能用这些水来发电，就像水电站大坝那样。

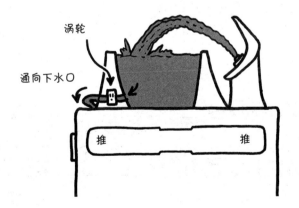

---

[2] 虽然有谣言说木星正在考虑设立付费墙。

你不需要造一座迷你水电站大坝[3]。因为建筑物的供水系统已经替你把水存在水库里，并且输送到管道里了，所以这些步骤你都可以省去，只需要把涡轮直接架在水龙头或者饮水池的出水口。其实有一些公司专门生产这种涡轮，有的是用来运转与管道相连的小型设备，有的是用来代替减压阀，同时从水里获取一些可用能量。19世纪末到20世纪初，很多建筑物有自来水但没有电，一种叫作"水马达"或者"水电发电机"的发动机曾经短暂地风光过一阵。

水管里的可用能量有时大得惊人。流动的水携带很多能量，而涡轮的效率可以非常高，小型涡轮可以把水里80%的能量转化为电，大型涡轮还会更高效。200千帕的供水水压加上15升/分钟的流速，可以产出超过40瓦的电能，足够为好几个LED灯泡供电，为十多台手机充电，甚至运行一台小型笔记本并且同时开着很多浏览器窗口。

说到底，你使用的能量是由自来水公司的水泵提供的，正是这些水泵创造出了水压。或早或晚，机场或者当地的自来水公司会有人注意到你在干什么。就算没人发现，以15升/分钟的速度流动的水很快就会汇集起来。不管你有没有为这些水交钱，你总得找个地方安置它们。

当然了，通向飞机的坡道是往下斜的……

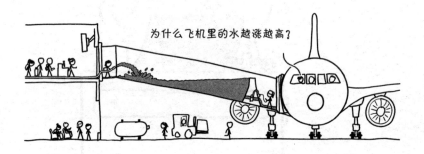

空气

不幸的是，要获取室内的能量，风力并不是一个好选择。机场里有很多空气在流通，但是通风口出来的"风"携带的能量通常要比水龙头里的水少很多，获取效率也更低。和手持式便携风扇一样大小的风车，如果被放在空调的出风口，大概能产出50毫瓦的电力，都不够给一台手机充电。就算你把整个出风口都用扇叶盖住，也很难赶上水龙头发电量的零头儿。

室外其实也是这样。从流动的水里获得能量，比从流动的空气中获取要容易得多。我们之所以还在用空气，是因为空气更多。你很可能在阅读本书时感到一阵微风吹来，但不太可能站在一条河里。世界上的风比河流更多，所有河流携带的总能量大概是1太瓦，而风携带的总能量接近1000太瓦。

火

自动扶梯

哈，没错，四大基本元素：
空气、水、火，还有扶梯。

扶梯为乘坐者提供能量。当你走上扶梯，开始向上移动的时候，扶梯必须消耗额外的电力，才能运转把你抬起来的马达。这些能量以势能的形式转移给你。如果你转过身来，坐在栏杆上向下滑，在抵达地面的过程中会产生很快的速度，这就是因为你免费得到了来自扶梯马达的势能，又将其转化成了动能。

快看，我不用花钱就从扶梯上得到
了势能！这真是完美犯罪！

不是犯罪。

扶梯的设计可能只是为你提供势能，但是只需要一些简单的机械装置，你就能让扶梯为你制造电能。说实话，扶梯就是巨大的金属瀑布，你可以用移动的台阶来转动轮轴，就像瀑布转动水车的轮子一样。

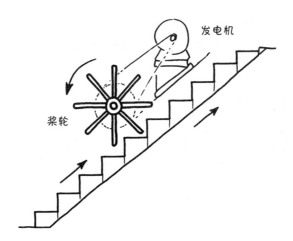

简易的平桨轮子和扶梯之间的贴合会比较尴尬。要想让机械运转得更顺畅，你可以制造一台桨叶弯曲的轮子，它会与扶梯啮合得更好。如果你仔细打磨桨轮的形状，轮子就可以一直与扶梯接触而不会打滑[4]。

[4]　可以在楼梯台阶上平稳滚动的轮子形状，是由安娜·罗曼诺夫博士和她的同学大卫·艾伦推演出来的，那时候他们还是科罗拉多州立大学数学系的学生。他们的设计适用于 45°斜坡、正好可以一步迈上去的台阶，不过轮子"花瓣"的具体形状可以微调，从而与特定类型的楼梯相啮合。

靠这个办法从扶梯里获取的能量相当可观。扶梯每分钟做的机械功可以简单地计算出来，相当于高峰期每分钟的乘客人数，乘以每个乘客的重量，乘以扶梯的高度，再乘以重力加速度。装满人的时候，一台两层楼高的扶梯可以轻松输出10千瓦的机械功率，而一个设计合理的轮子可以获取其中绝大部分能量。这不光够给手机充电，还足够为一整幢房子供电。

小贴士：你最好把轮子做得窄一些，而不要让它占满整个扶梯的宽度。反正无论怎样，都不太安全。但是如果轮子把扶梯占满了，而有人没注意到就走了上去，那么你的装置必定会变成噩梦般的人体绞肉机，这很可能会影响它的发电效率。

要驱动桨轮，你应该用上行的扶梯而不是下行的。二者大概都能用，但是上行扶梯在被设计的时候，考虑到了要承载人的重量，所以能施加更多的力。下行扶梯在有人搭乘的时候需要做的功更少，因为它得到了重力的帮忙，所以如果要它施加额外的下行力来转动轮子，可能会有点儿困难。还有，你最好多用几个轮子，这样能让扶梯受力更均匀。

　　扶梯水车能获取很大一笔能量，但这也意味着它要让业主花上很大一笔钱。如果你把水车连在扶梯上，迫使它每天12小时输出额外的10千瓦能量，那么每个月会让大楼业主多支付400美元电费。不用说，如果他们发现你在干什么时，肯定不会很高兴。

　　如果你真的被踢出了机场，最好是带着轮子一起走。除了能当扶梯水车之外，它还能不弹跳就滚下楼梯，这一招还挺酷的。

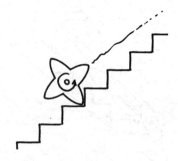

喜剧演员米奇·海德伯格曾说，扶梯永远不会坏，它只会变成楼梯。照此说来，扶梯水车发电机也永远不会坏……

它只会变成一辆非常不好骑的自行车。

21 如何自拍

　　我们有时候说，眼睛就像相机，但人的视觉系统可比相机复杂多了，只不过这复杂性很容易被忽视，因为一切都是自动发生的。看一眼所在的场景，脑子里就有了图像，我们没有意识到要产生这幅图像，需要进行多少处理、分析和相互作用。

　　相机通常是以同样的分辨率显示一幅图像的所有区域。如果你用手机摄像头拍下这页书，页面中间的字和边缘的字会有相同的像素数。但是眼睛不是这么干活儿的，它们在视觉中心看到的细节，和边缘看到的完全不同。眼睛的"像素网格"看起来会非常奇怪。

相机的像素网格

眼睛的"像素网格"

但我们注意不到分辨率的明显变化，因为我们的大脑对此已经习惯了。人类的视觉系统会对图像进行加工，为我们制造一种整体的印象，好像我们所看到的就是这个场景应有的样子，就是相机拍下来的样子。这个办法是管用的，只要我们不把脑海里的图像和相机拍出来的照片进行对比。一比就会发现，我们的脑子偷偷地替我们调节了很多变量。

相机和眼睛的一大差异在于视野。视野造成了很多摄影里的混乱，它对自拍有一些特别明显的影响。

当相机贴近你的脸时，五官会看起来有些不一样。要想理解其中的缘由，以及它会怎样影响各种各样的照片，我们就要先来谈谈超级月亮。

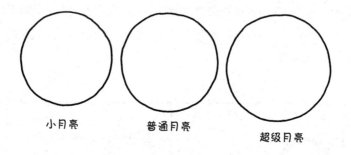

每隔一段时间，网上就会疯传一些文章，说某个即将来临的天文学事件有多震撼。

下个星期，月亮会离地球特别近，你站在摩天大楼上就能摸到它。

 4月15日，一颗巨大的小行星将会撞击地球！科学家说它可能导致恐龙灭绝！！！

 本周五，天文学家说太阳将会从地球和月球中间经过！

 3月24日，火星在夜空中看起来会和地球一样大！同意请转发！

 NASA宣布明年7月30日，仙女座星系将与银河系碰撞，所以记得把你的宠物留在室内，把盆栽遮盖起来以免叶片受损。

 10月4日，太阳将会"关机"12小时以进行清洁。

 年度英仙座流星雨将会在8月11日至12日爆发，天文学家收到的来自外星人的无线电信号如是说！

这种文章有时候会附上天际线后面的"超级月亮"照片，就像这样。

可是，等到人们真的出门给月亮拍照的时候，拍到的都是这样的。

所以到底是怎么回事？第一张照片是假的吗？

有可能是假的，但很多时候并不是。相反，它是一张用长焦镜头以非常窄的视角拍出的照片。

每一张照片都有一定的视场。宽视场会显示出两侧的东西，而窄视场只会展示镜头正对着的东西。

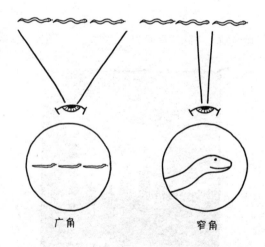

广角　　　　　窄角

"拉近"意味着让视场变窄。我们会很容易觉得拉近是"靠近"被拍摄的物体，因为这个操作能让小东西变大，填满画框。但是拉近和真的靠近还不太一样。

当你靠近一个物体的时候，它在照片里变大了，但是遥远的背景大小不变。当你拉近镜头的时候，物体和背景是一起变大的。

原来的照片　　　　　　拉近　　　　　　靠近

　　人们会把这两件事情混淆，是因为我们的眼睛只有固定的视野。我们可以把注意力聚焦在视线的中央，但是眼睛能覆盖的总面积是不变的。照片的视场太宽或太窄，都可能会让我们感到惊讶。

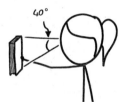

　　几十年来，根据摄影师们的经验判断，用50毫米全画幅镜头拍出的照片在人们看来是"自然"的，不宽也不窄。这个"自然"镜头拍出来的照片其实出乎意料地窄，大概只有40°宽，拿一本精装书放在距离你的脸30厘米远的地方，区域差不多就是这么大。

　　但是智能手机也许正在改变这一切，因为手机摄像头的视场，要比老式的50毫米镜头宽得多。

　　比如，iPhone X的水平视场为65°，用户能把很宽的场景拍下来而不需要后退（但是，它的宽度并不足以覆盖一个常见的拍摄对象：彩虹。一道彩虹覆盖了83°的天空，这让它正好介不进iPhone的画框里）。

　　这些广角的镜头之所以更流行，也许是因为智能手机用户想拍摄日常生活场景，想拍出看起来更自然的照片，也有可能是要拍好几个人的自拍。传统的50毫米相机仅一臂之遥很难拍好自拍。除此之外，手机让拍完照之后裁剪的步骤变得非常容易，所以宁愿拍得过宽，再让用户自己拉近和裁切的策略是很合理的。但是宽视场也是有不足的：如果你用广角镜头拍一个很小或者很远的物体，呈现的效果可能会让你失望。

　　对于人类而言，月亮是很有吸引力的。就算我们不能真的让眼睛"拉近"，也会把注意力聚焦在它的身上。我们用高分辨率的视觉识别出月亮的细节，而无视了周围相对无趣的天空。

　　但是智能手机不懂我们大脑这种"缩小关注范围"的技巧。月亮只不过是一块像素，迷失在它的超广角相机里。要想拍出一张好的月亮照片，你需要拉近镜头，但智能手机这方面的能力很有限。

我眼中的月亮　　　　　　　　我相机里的月亮

　　如果你确实有一台可以大幅拉近镜头的相机，那么你想放进照片的其他东西，比如周围的建筑和树，就放不进画框里了。从你站的地方看，这些东西似乎比月亮更大，尽管实际上并不是。

如果你想让一个物体看起来比月亮小，你得往后退很远，直到它在天空中占据的角度也很小为止。如果拍建筑物的话，那么这个距离可能会非常远。要想拍出那种巨大的月亮落在城市天际线后面的照片，摄影师通常要站在距离城市好几千米远的地方。一张好看的照片很可能需要大量的付出和规划。

为了拍这张照片，我不得不爬上新泽西的一座山，坐在山脊上吹着刺骨的寒风折腾了好几个小时镜头，所以你们最好赶紧给我点赞。

 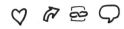

普通照片里的建筑物之所以显得那么大，而月亮看起来那么小，是因为建筑物比起月亮要近得多。让我们把话题带回自拍。

广角自拍

就是这个让月亮看起来很小的广角效应，也会影响自拍的效果。如果一个人用智能手机拍自己的脸，那么他可能会本能地把手机放得很近，让脸在画框里占据很大的面积。但是这个距离会比正常情况下别人看你的距离近很多，此时智能手机的广角镜头会形成一种不自然的视角。你的鼻子和脸与镜头的距离，要比耳朵和头部等其他部分更近，所以会显得更大。这就像用智能手机拍月亮，前景的建筑物要比月亮更大。

这种扭曲会让拍出来的脸显得不太一样，差异往往出人意料。要想降低这一影响，你可以把手机放在很远的位置上再拉近，也可以在拍照时用照相App，或者拍完之后再裁切。

你的手机应该放在多远的地方呢？要想尽可能地避免画框里几个物体之间的透视扭曲，物体到相机的距离应该远远大于最近物体与最远物休之间的距离差。

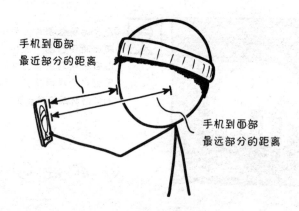

你的面部分别离手机最近和最远的可见部分，距离差大概不会超过30厘米，这意味着如果你的手机举在正常距离上，和一直伸展手臂伸到最远处比起来，二者的画面扭曲程度会差很多。相机如果离你1.5米至1.8米远，就能几乎完全消除

这种扭曲，但是我们的胳膊没有那么长，这也是自拍杆受欢迎的一部分原因。

改变视场，拍出更酷的自拍

透视扭曲会改变你脸上不同部位的相对大小，但它还用另一种方式影响你的照片。这会为你提供一系列全新的自拍选项。

当你拉近的时候，你就改变了背景物体在视觉上的大小。如果你站在一个巨大但遥远的物体（如一座山）的前面，那么相机的拉近功能会极大地影响这座山看起来有多大。

如果你为相机设置好定时器，然后走得远远的，就可以让很小的山看起来特别大。

 我来登山了！

 这不是垃圾填埋场那边的土堆吗？

 没错！我在旧洗衣机旁扎下了大本营。

月亮自拍

　　智能手机摄像头的变焦范围有限，但如果你的相机装上了功能强大的长焦镜头，你就能拍出很多非常有趣的自拍。你甚至能再现月亮挂在天际线的照片，但这不是靠建筑物，而是用你自己的身体。

　　我们可以用几何学算出来，你的相机要放在多远的位置上，才能拍出你站在月亮前的照片。

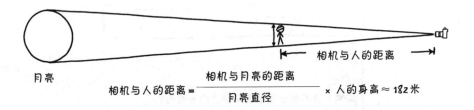

月亮

$$相机与人的距离 = \frac{相机与月亮的距离}{月亮直径} \times 人的身高 \approx 182 \text{米}$$

相机与人的距离

　　这告诉我们，相机要放在182米远的地方才能拍出"月亮自拍"。

好了，说"茄子"！

因为没人制造182米长的自拍杆，你最好把相机放在某种三脚架上，然后远程遥控。

这样拍出一张照片可能很不容易。你得找一个地方，既有高处让你站立，还有一条长长的、无遮挡的视野路径通往月亮。月亮移动得很快，所以一旦一切安排妥当，你只有很短的时间能拍照，大概30秒。月亮完全移出画框，只需要两分钟多一点儿[1]。

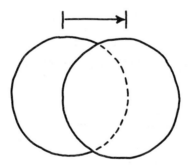

月亮在1分钟内划过天空的距离

如果你特别小心的话，用合适的滤镜甚至可以这样给太阳拍照。这可能会毁掉你的相机，所以在自己尝试之前，请咨询当地的天文学俱乐部或者相机店。如果不这么做，你很有可能会把自己的相机点燃。此外，拿相机冲着太阳的时候，永远不要看光学取景框。你的眼睛可能和相机的工作原理不完全一样，但要烧出一个洞来倒是一样容易。

---

[1] 谷歌地球这样的工具，或者 Stellarium 和 Sky Safari 这样的观天 App，都可以协助你在拍照前订好计划。

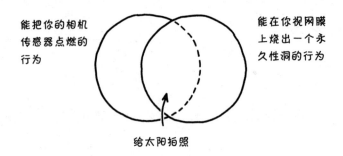

给太阳拍照

金星/木星自拍

原则上，你可以用更小、更遥远的天体拍出类似的照片。除了太阳和月亮，天空中出现的最大天体是木星和金星，二者离地球最近、看起来最明显的时候，宽度差不多都是1弧分。使用月亮那个例子·里的几何学原理，你可以算出来，要是拍站在金星或者木星前的自拍，需要把相机放在多远的位置，答案是大约6千米。

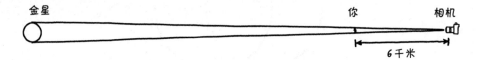

把相机拿到6千米之外，很显然会遇到一些挑战。

金星在靠近地平线的时候，对大气层的扰动最大，所以你最好等到金星升到天空中相对较高的位置时再拍照，这就意味着你要站得比相机高很多。但是相机

的位置最好也很高，这样就可以脱离大气层最厚的部分。

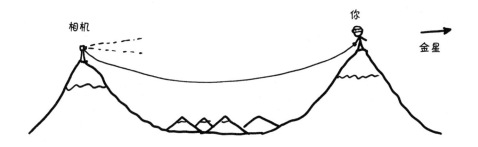

　　理想的方案应该是，一台相机放在山顶上，被拍的人站在另一座高出更多的山顶上。但要找到两座可以爬上去的山，它们之间的距离还正合适，又能在某一天正好和金星对齐，这得事先做很多准备和测绘工作。你可以站在高空飞机或者气球上，从而避开对齐的难题，但是要让自己处于合适的位置会特别困难，这很可能需要用计算机来控制。

　　不管你使用哪种方式，刚好与金星对齐都是极大的挑战，拍出来的照片肯定也会很模糊。就算是在最佳条件下，因为大气层的扰动，你站在地上也很难为木星或金星拍出清晰的照片。恐怕从来没有人拍过这样的自拍，如果你成功了，那肯定有资格在网上炫耀一番。

在木星或者金星前自拍将会突破光学和几何学的极限，很难被超越了……至少从地球上拍是如此。如果你去太空旅行，大气扰动就不是个问题了，可以开启自拍的全新可能性。

太空中有好几台长焦相机，拥有极高的角分辨率，尽管说服NASA把这些相机借给你可能有些困难[2]。

不过，有一种太空自拍的办法，能比最厉害的太空望远镜拉得更近。这个办法叫"掩星法"，是天文学里最酷的技巧之一。

掩星自拍

从地球上看过去，每当一颗小行星经过一颗恒星前，世界各地拿着秒表的人就可以计算出这颗恒星何时消失、何时重现，并利用测量结果来绘制小行星图像。

---

[2] 从理论上来说，等这本书出版的时候，詹姆斯·韦伯太空望远镜应该发射了。原编辑注：在这一章被编辑的时候，发射又推迟了。译者注：在翻译这一章的时候，望远镜才刚刚组装完成。

地球上的观测者　　　　　　　　　得到的图像

用这个技巧看到的细节，连最厉害的太空望远镜都看不清楚。而它在理论上也能让你在太空拍出一张遥远到不可思议的自拍。只需要地面上有一群朋友守着，当你飘过一颗遥远恒星的时候，让所有人一起看着它闪烁。

利用遥远的恒星，你的朋友们就可以在数百千米外给你拍照。大概没法比这更远了，再远的话你的影子会因衍射而丢失。假如你用的是遥远的 X 射线源，而不是一颗可见的恒星，波长更短，衍射效果就更弱，那么你可以站在月球表面给自己拍一张照片，让你在地球上的朋友看着。

只是要记住：掩星法用到的对齐的轨道很罕见，而且通常不会重复，所以你需要下很多功夫来做规划。这意味着，你只有一次机会。

22 如何捕捉无人机

（用体育器材）

一架用于婚礼拍照的无人机正在你的头顶嗡嗡作响。你不知道它在干什么，你想让它停下来。

暂且假定你没有任何复杂的反无人机设备，比如发射控制网、霰弹枪、无线电干扰器、雾网、反无人机的无人机或者其他专业器械。

如果你确实养了一只训练有素的猛禽，你可能会觉得派它去抓无人机是个好主意。时不时，就会有训练过的猛禽抓捕无人机的视频在网上流传。虽然这么做会让我们觉得开心，但是任何通过训练动物来捕捉流氓机器的做法都是糟糕的。我们肯定不会训练猎豹跳上摩托车来实现道路限速，这样对猎豹来说很残忍也很危险，再说，摩托车的数量可比猎豹多多了。地球上的摩托车数量与猎豹数量的比值（摩豹比）还没有人精确地计算过，但恐怕有好几十万。

类似地，世界上的无人机肯定比猛禽的数量更多，而且新无人机的产出速率也比猛禽快得多。地球上的无人机数量与鹰隼数量的比值（机鹰比）要比摩豹比更难估算，但几乎可以肯定这个值是大于1的。

摩豹比：100 000+   机鹰比≥1

放鹰隼是个坏主意。那你还能怎么办呢？

无人机飞在天上，所以你最好是把什么东西也送上天。在体育运动中，随时随地都有人把东西送上天。可参见第10章——如何扔东西。

假定你的车库里装满了体育器材，比如棒球、网球拍、草地飞镖[1]等，要什么有什么，哪一项体育运动的投掷物最适合打中无人机呢？谁能成为最出色的反无人机卫士呢？棒球投手？篮球运动员？网球运动员？高尔夫球手？还有别人吗？

我可以叫我侄女来，她是专业的高尔夫球手。
我哥哥会射箭。

我妈有次朝电影院自动售票机扔了一根鱼叉。

---

[1]   如果你没在20世纪80年代的美国待过，我来告诉你，草地飞镖是又大又重的塑料飞镖，前端有金属尖头，就像中世纪的武器一样，孩子们会玩一种把飞镖高高扔到空中的游戏。这种飞镖最终在美国被禁止使用了，其原因现在看来应该很明显。

有这么几个因素需要你考虑：精准度、重量、射程、投掷物大小。

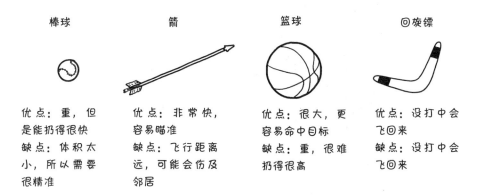

棒球	箭	篮球	回旋镖
优点：重，但是能扔得很快 缺点：体积太小，所以需要很精准	优点：非常快，容易瞄准 缺点：飞行距离远，可能会伤及邻居	优点：很大，更容易命中目标 缺点：重，很难扔得很高	优点：没打中会飞回来 缺点：没打中会飞回来

许多无人机都非常脆弱，所以我们暂时假设，只要你能打中它，就会让它坠毁（当然，这只是我的个人经验）。

为了作近似比较，我们会用一个简单的数字来评价不同运动项目里投掷物的精准度，这个数字代表的是射程和误差的比值。如果你向10米之外的目标扔一个球，平均失误2米，那么你的精准度是10除以2，也就是5。

中等大小的无人机，比如大疆Mavic Pro，其机体的"标靶面积"大约有30厘米宽，这意味着我们偏离中心最多15厘米也能打中。如果它悬停在离我们12米远的距离，那么精准度需要达到80才有可能打中它。如果投掷物比较大，我们就会有更多的误差余地，精准度还可以再低一些。

目标较小　　　　目标较大

如果投掷物扔出的是一条高弧线，就像篮球或者高尔夫，那么它能获得额外的精准度，因为无人机的形状又宽又平，目标区域更大。而足球和篮球这样的大型投掷物，也有更大的误差余地。

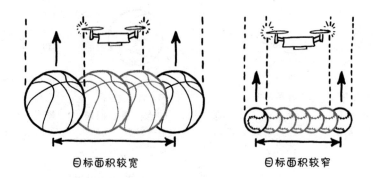

目标面积较宽　　　　　　　　目标面积较窄

以下是不同体育项目运动员的精准度估算，依据是竞技比赛、表演以及科学研究中运动员命中目标的情况。

运动	精准度	离大疆 Mavic Pro 12 米远，命中它需要试几次	依据
足球球员	21	13	20 位经验丰富的澳大利亚球员
美式足球踢球手	23	15	21 世纪 10 年代后期的 NFL 踢球手
休闲冰球球员	24	35	25 位休闲冰球球员和大学生冰球球员
篮球（沙奎尔·奥尼尔）	36	4	NBA 罚球命中率
高尔夫（发球或短切球）	40	6 [2]	PGA 发球准确度
篮球（斯蒂芬·库里）	63	2	NBA 罚球命中率

---

[2] 这是基于非常准确的长程发球计算出来的。短程的短切球可能更高。

北美冰球联盟全明星	50	9	NHL射门准确度
美国国家橄榄球联盟四分卫传球	70	4	职业杯传球精确度标准评分[3]
高中生棒球投手	72	3	对8个日本高中生投手的研究
职业棒球投手	100	2	
飞镖冠军	200 ~ 450	1[4]	迈克尔·范格文在PDC的比赛成绩
奥运会弓箭手	2 800	1	2016年韩国男子射箭队

　　显然，弓箭手是最好的选择，如果你找得到的话。他们的射程远，且有超高精准度，可以成为理想的防御者。棒球投手也不错，而且棒球的杀伤力不小。篮球运动员的准确率虽低，但有较大的抛射物和更有效的抛射弧来弥补。冰球球员、高尔夫球手和美式足球踢球手可能就不那么合适了。

　　我挺想在现实世界里测试这个结果，还有一项运动我找不到合适的数据，那就是网球。我发现一些研究去讨论网球专业选手的准确度，但涉及的都是他们能否命中球场上的标记，而不是空中的目标。

　　所以我联系了塞雷娜·威廉姆斯。

　　让我又高兴又惊讶的是，她很乐意帮忙。她的丈夫亚历克西斯提供了一架可牺牲的无人机——一台相机坏了的大疆Mavic Pro 2。他们去了练习球场，想看看世界上最好的网球运动员面对机器人入侵时会如何招架。

　　我能找到的有限的研究结果表明，和投掷类体育项目的运动员相比，网球选手的成绩会偏低，应该更接近踢球手而不是投球手。我的初步猜测是，冠军级选手发球的精准度应该在50左右，打中12米外的无人机需要5至7次（网球真的能击落无人机吗？说不定球只会反弹回来，让无人机摇摆两下而已！我真的有好多

---

[3]　四分卫德鲁·布里斯在《体育科学》节目上朝18米远的箭靶扔了一个美式足球，扔10次里有10次命中靶心，说明在这个特定的场合下，他的精准度超过了700，比飞镖冠军还高。

[4]　如果他们在那么远的距离依然能保持准确度的话。

问题想问）。

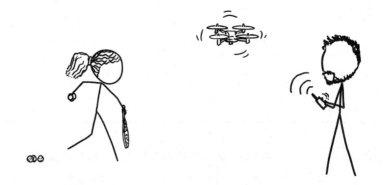

亚历克西斯操控无人机飞到网上悬停，而塞雷娜则从底线发球。
第一个球打低了。第二个球从无人机的侧面飞了过去。

第三个球直接命中了一个螺旋桨。无人机旋转了起来，有那么一会儿仿佛还
能停在空中，然后就翻了个身摔在了球场上。塞雷娜大笑起来，亚历克西斯走过
去检查坠机地点，看到无人机躺在球场上，附近是几块螺旋桨碎片。

我本来预测网球职业选手击落无人机需要5到7次，结果她3次就搞定了。

虽然它只是一台机器，但躺在地上的无人机显得异常悲惨。

"伤害它让我觉得很难受，"塞雷娜把碎片收起来后说道，"可怜的小家伙。"

我忍不住想：拿网球砸无人机是不是错的？

　　我决定咨询专家。我联系了凯特·达琳博士，她是MIT（麻省理工学院）媒体实验室的机器人伦理学家。我问她，为了好玩而拿网球砸无人机是不是错的。

　　她说："无人机不会在乎，但别人可能在乎。"她指出，虽然我们的机器人没有感情，但人类是有的。"虽然我们知道机器人只是机器，但我们还是倾向于把它们当成生命来对待。随着机器人的设计越来越逼真，你在对它们使用暴力之前恐怕也要三思，这可能让人们感到不舒服。"

　　这讲得通。但另个问题，我们对机器人动感情真的好吗？

　　"如果你想惩罚机器人，"她说，"那你就找错对象了。"

　　有道理。我们需要担心的不是机器人，而是操控机器人的人类。

　　如果你想击落一架无人机，也许应该考虑换个目标。

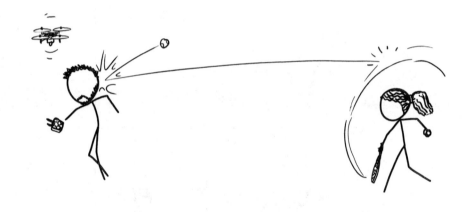

23 如何判断你是不是"90 后"

你是什么时候出生的?

对大多数人来说,这个问题很简单。就算是不知道自己准确生日的人,通常也能把出生时间锁定在几年之内。

但是互联网上到处都是小测试,承诺能帮你判断你在哪个年代出生。这些测试通常基于你第一次意识到美国存在着什么样的流行文化。

申请表需要我填写生日,所以我在做一个测试看看我是不是"90 后"。我希望接下来能再找个别的测试,以进一步缩小范围。

当然了,这些小测试并不是真的要帮你找出出生时间,而是通过共同的记忆来强化你的群体归属感。

面向小孩子的电影和电视节目特别适合这种测试,不但因为童年记忆是怀旧的源泉,还因为儿童节目面向的年龄段通常都很窄,从而产生了很细的"代际"区分。你在成长过程中看到的媒体产品组合往往是独特的"指纹",可以显示你出生的大致年代。比如，在20世纪80年代早期和中期出生的人，可能会对早期的"迪士尼复兴"电影有特别深的印象，包括《小美人鱼》(1989)、《美女与野兽》(1991)、《阿拉丁》(1992)。而那些在20世纪80年代末期出生的人，对《狮子王》(1994)和《玩具总动员》(1995)会有更生动、更深刻的回忆。出生于80年代初的人年龄几乎都偏大，没有赶上90年代末的"宠物小精灵"狂热，而80年代末出生的人又太年轻，没听过"街头顽童"的歌。

显然，人们想要用这种绕圈子的方式判断自己的年龄。但是为什么只局限于电影和电视节目呢？世界时时刻刻都在改变，也会在我们身上留下印记。

"水痘派对"

水痘是一种很痒的疹子，是因水痘带状疱疹病毒感染而引起的，通常会持续几个星期。人一旦感染过一次水痘，通常就会对新的感染终生免疫（不过已经潜伏的感染可能会在将来重新暴发，导致人体长出很疼的疹子，那就是带状疱疹）。

在20世纪的大部分时间里，每个人长至成年时都得过一次水痘了。因为水痘在成年人身上的发病症状会比小孩子更严重，所以家长宁可让孩子早早地感染水痘，通过举办"水痘派对"，让孩子获得免疫力，避免以后遭遇更危险的感染。然而在1995年之后，一切都改变了[1]，因为水痘疫苗上市了。

在接下来的10年里，美国的水痘疫苗接种率攀升至接近100%，水痘感染率则骤降。

---

[1]   如果你看到这里想的下一句是"……当火凤凰帝国向其他领土发动进攻时！"就可以大致判断出你的年龄。这两句是著名动画片《降世神通：最后的气宗》的开场白，首映于2005年。——译注

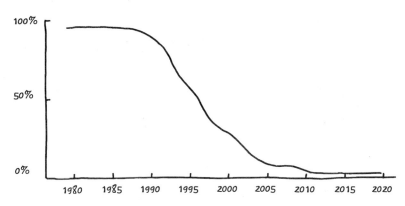

随着出生年份变化，得过（或者会得）水痘的美国人的比例

疫苗上市仅20年，水痘就从人人都得变成了几乎没人得。对于那些20世纪90年代中期之后出生的美国人而言，水痘已经是过去的疾病了，就像天花一样。如果你还记得水痘和"水痘派对"，那你的出生时间大概是在20世纪90年代或者更早。

疤痕

水痘偶尔会留下永久性的疤痕，但水痘疫苗一般不会。有些疫苗则会在接种的那一代人身上留下可见的印记。

天花是由另一种病毒引发的疾病，在所有人类传染病中，它杀死的人数可能是最多的。当欧洲人抵达美洲的时候，他们把天花和别的疾病（如肝炎）带到了一个当地人没有天然免疫力的地方，所以那里的原住民特别容易被感染。这些疾病横扫了整块大陆，杀死了住在这里的绝大多数人。天花造成的总死亡人数不得而知，但是仅在20世纪，它就杀死了几亿人。

如果没有人类宿主，天花病毒就无法生存。最早的天花疫苗是在18世纪末被发明出来的，到了19世纪末，在大部分工业化国家里已经很少见到天花了。20世纪，医学进步让疫苗的生产和全球范围内的运输都变得更容易，所以人们掀起了一场世界运动，完全消灭了天花。运动成功了，最后一次"野外"的天花感染发生于1977年的索马里，而历史上最后一次天花暴发，以及最后一例天花死亡，发生于1978年的一次实验室事故。

天花疫苗是用双头针注射的，针头在皮肤上刺破几个地方，再把疫苗注射进去。

天花疫苗针

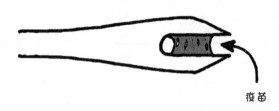

疫苗

疫苗里有一种比较温和的病毒，它会让身体产生与感染真的天花一样的反应，引发肿胀、水疱和结痂。几个星期后，伤口就会愈合，留下特殊的圆形疤痕。

注射完天花疫苗的疤痕

美国最后一例天花感染病例发生于1949年，而美国和加拿大例行的儿童天花疫苗接种项目于1972年结束。

如果你来自美国或加拿大，你的上臂或者腿外侧有那样的接种痕迹，就意味着你出生的日期是在1970年前后，或者更早[2]。这个圆形的印记是人类与最可怕的敌人之一搏斗后留下的战痕。如果你没有这样的疤痕，那就是我们胜利的见证。

你的名字

随着时间的推移，婴儿名字的流行程度也有起有落。

相对而言，有些名字是不会被时代变迁影响的。伊丽莎白（Elizabeth）、马歇尔（Marshall）、苏珊娜（Susanna）、尼娜（Nina）以及纳尔逊（Nelson）在美国流行了一代又一代。但是命名趋势的改变总会悄悄袭来。源自《圣经》的萨拉（Sarah）在20世纪80年代曾是美国最受欢迎的名字之一，但到了21世纪10年代中期，叫"布鲁克林"（Brooklyn）的孩子就比叫"萨拉"的多。

以下是每隔5年最常见的年代专属名字。这些名字都是突然流行起来，仅在10年中出现一个窄峰。如果你在对应的年份前后出生，那这些名字虽然在你看来会很常见、很普通，但其实是特殊的年代标志。

1880年	威尔，莫德，米妮，梅，科拉，艾达（Ida），卢拉，海蒂，珍妮，艾达（Ada）
1885年	格罗弗，莫德，威尔，米妮，莉齐，埃菲，梅，科拉，卢拉，内蒂
1890年	莫德，梅，米妮，埃菲，梅布尔，贝茜，内蒂，海蒂，卢拉，科拉
1895年	莫德，梅布尔，米妮，贝茜，玛米，默特尔，海蒂，珀尔，埃塞尔，贝莎

---

[2] 例行接种结束后大约10年的时间里，依然有少数人在接种疫苗，他们主要是医务人员或者士兵，这些职业的感染风险较高。

1900年	梅布尔，默特尔，贝茜，玛米，珀尔，布兰奇，格特鲁德，埃塞尔，米妮，格拉迪斯
1905年	格拉迪斯，维奥拉，梅布尔，默特尔，格特鲁德，珀尔，贝茜，布兰奇，玛米，埃塞尔
1910年	西尔玛，格拉迪斯，维奥拉，米尔德里德，比阿特丽斯，露西尔，格特鲁德，艾格尼丝，黑兹尔，埃塞尔
1915年	米尔德里德，露西尔，西尔玛，海伦，柏妮丝，宝林，埃莉诺，比阿特丽斯，露丝，多萝西
1920年	马乔里，多萝西，米尔德里德，露西尔，沃伦，西尔玛，柏妮丝，弗吉尼亚，海伦，琼
1925年	桃乐丝，琼，贝蒂，马乔里，多萝西，罗琳，路易斯，诺尔玛，弗吉尼亚，胡安妮塔
1930年	德洛丽丝，贝蒂，琼（Joan），比莉，桃乐丝，诺尔玛，路易斯，比利，琼（June），玛丽莲
1935年	雪莉，玛琳，琼，德洛丽丝，玛丽莲，鲍比，贝蒂，比利，乔伊斯，贝弗利
1940年	卡罗尔（Carole），朱迪丝，朱迪，卡罗尔（Carol），乔伊斯，芭芭拉，琼，卡罗琳，雪莉，杰瑞
1945年	朱迪，朱迪丝，琳达，卡罗尔，莎伦，桑德拉，卡罗琳，拉里，珍妮丝，丹尼斯
1950年	琳达，黛博拉，盖尔，朱迪，加里，拉里，黛安，丹尼斯，布兰达，珍妮丝
1955年	黛布拉，黛博拉，凯丝，凯茜，帕梅拉，兰迪，金，辛西亚，黛安，谢丽尔

1960年	黛比，金，特丽，辛迪，凯丝，凯茜，劳里，洛丽，黛布拉，瑞奇
1965年	丽莎，塔米，洛丽，托德，金，朗达，特雷西，蒂娜，唐恩，米歇尔
1970年	塔米，汤娅，特雷西，托德，唐恩，蒂娜，史黛丝，史黛西，米歇尔，丽莎
1975年	查德，杰森，汤娅，希瑟，詹妮弗，艾米，史黛西，香农，史黛丝，塔拉
1980年	布兰迪，克里斯特尔，阿普里尔，杰森，杰里米，伊琳，蒂芙尼，杰米，梅丽莎，詹妮弗
1985年	克里斯托，琳赛，艾希莉，林赛，达斯汀，杰西卡，阿曼达，蒂芙尼，克里斯特尔，安布尔
1990年	布列塔尼，切尔西，凯尔西，科迪，艾希莉，考特尼、凯拉、凯尔、梅根、杰西卡
1995年	泰勒（Taylor），凯尔西，达科塔，奥斯汀，海莉，科迪，泰勒（Tyler），谢尔比，布列塔尼，凯拉
2000年	德斯蒂尼，麦迪逊，海莉，悉尼，亚历克西斯，凯特琳，亨特，布里安娜，汉娜，阿莉莎
2005年	艾丹，迭戈，加文，海莉，伊森，麦迪逊，艾娃，伊莎贝拉，杰登，艾登
2010年	杰登，艾登，内瓦艾，艾迪生，布雷登，兰登，佩顿，伊莎贝拉，艾娃，利亚姆
2015年	阿里亚，哈珀，斯嘉丽，贾克森，格雷森，林肯，哈德森，利亚姆，佐伊，蕾拉

如果你班里的同学叫杰夫、丽莎、迈克尔、凯伦和大卫，那么你多半是20世纪60年代中期出生的。如果他们叫杰登、伊莎贝拉、索菲亚、艾娃和伊桑，那么你是2010年前后出生的。

但名字还能以其他方式来显示年龄。

20世纪90年代的电视剧《老友记》里有6个室友，扮演他们的演员分别名叫马修、詹妮弗、柯特妮、丽莎、大卫，还有另一个马修，每个名字都有自己的流行曲线，如果把这些曲线结合在一起，就能猜出这群演员大概是哪一年出生的。

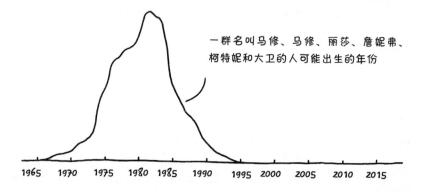

一群名叫马修、马修、丽莎、詹妮弗、柯特妮和大卫的人可能出生的年份

这些演员实际上出生在20世纪60年代末，位于他们名字流行度的早期边缘上。换句话说，他们的名字都稍微超前于他们的时代。柯特妮·考克斯和詹妮弗·安妮斯顿的名字要再过10年才会真正流行起来（也许时髦的家长生出来的孩子更可能进入演艺圈）。但是这些名字还算是符合他们的时代特征，顶多领先曲线一点点。

但是如果我们来看他们扮演的角色名字，情况就全然不同了——菲比、约瑟夫、罗斯、钱德、瑞秋，还有莫妮卡。

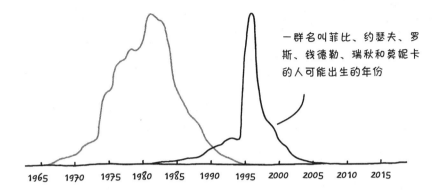

一群名叫菲比、约瑟夫、罗斯、钱德勒、瑞秋和莫妮卡的人可能出生的年份

《老友记》首映于1994年。在1995年和1996年，这些名字的流行程度陡增，大概就是因为剧集让家长们记住了这些名字。但这也不完全是剧集的功劳，这些名字在《老友记》上映之前，就已经明显流行起来了。也许家长给孩子起好名字时受到的文化影响，与电视剧编剧给人物起名时受到的一样。

放射性牙齿

人类在1945年发明了核武器。我们引爆了第一颗来测试它好不好用，然后在战争里用了两颗。战争结束后，我们又引爆了几千颗，就为了看看会发生什么。

这些测试让我们学到了很多关于核武器的知识，"引爆核武器会让大气层充满放射性尘埃"就是其中之一。我们也发现，核武器可以变得更强大。事实上，核武器的威力可以说没有上限，这件事情让人有点儿担心。美国和苏联很快制造出了足以毁灭世界的大规模核武器库。离你很远的人只需按一下按钮，就可以随时引发烈火末世。这件事给20世纪50年代至60年代的孩子留下了极为深刻的印象。

但是它造成的影响不光停留在心理层面，还有身体层面。

大部分大气层核爆炸发生在20世纪50年代中后期，1961年和1962年还发生了几次超大核爆炸。随着人们对放射性污染越来越担忧，美国和苏联同意停止所有的地上核试验，只在地下进行。他们在1963年签订了《部分禁止核试验条约》，终结了大规模大气层核试验的历史。在接下来的几十年里，只有法国和中国进行了几次大气层核试验。地球上最后一次大气层核爆炸，是中国在1980年10月16日完成的[3]。

这些核爆炸释放出的放射性粉尘会通过大气层扩散，里面有好多种不同的放射性原子。有些会在人体内积累，引发癌症，比如铯-137。有些则对人的健康无害，比如碳-14，但是它让考古学家非常烦心，因为它会扰乱碳年代测定法。

宇宙射线和大气层反应时会自然产生碳-14，它会逐渐衰变为氮-14，半衰期约为5 700年。在任何特定的时间内，大气层里的碳只有微乎其微的一小部分是碳-14，剩下的是碳-12和碳-13。除了寿命有限之外，碳-14的其他特征都和另外两个稳定的同位素一样，可以成为有机[4]材料的一部分而不导致任何问题。当一个有机体死去时，它的生物反应随之停止，不再和大气层交换碳，因此体内的碳-14开始衰减。通过测量一份考古样本里还剩下多少碳-14，我们就能知道它在多久之前不再获得新的碳-14。换言之，我们能推断出它是什么时候死的。

碳年代测定法这个小花招之所以行得通，是因为我们知道生物体活着的时候大气层里碳-14的浓度本来是多少。因为碳-14是宇宙射线制造出来的，所以随着时间推移，它的浓度还算相对稳定……至少是在人类到来之前。核试验向大气层中注入了海量的碳-14。

---

[3]　我不知道你读到这句话是在哪一年，但我希望这句话依然成立。
[4]　毕竟，"有机"这个词的意思就是"碳基的"！

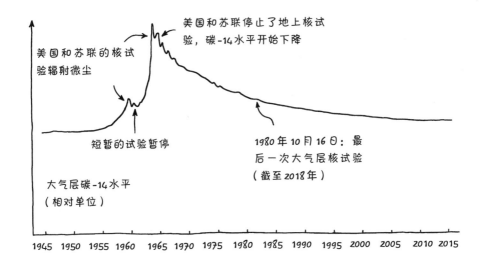

未来考古学家要想用碳含量来测定有机标本的年代，必须考虑到20世纪这一碳排放量峰值，不然，他们挖出来的一切都会被算错年龄。

这是一批人类音乐家的骨头，他们的名字翻译过来的意思是"附近新来的小孩"。他们在20世纪90年代演出，但是碳年代测定法显示其成员存活了将近8个世纪。

核试验释放出的另一种污染物是锶-90。因为锶和钙很类似，所以我们的身体会把它吸收到骨骼里，当然也包括牙齿。20世纪60年代的孩子们吸收了很多锶。研究者[5]收集了从20世纪50年代至60年代小孩的乳牙，检测其中锶-90的含量，

---

[5] 至少我希望那些人是研究者。

证实了污染存在，并为暂停大气层核试验提供了有力证据。

大气中的锶-90含量在20世纪60年代早期之后就下降了。随着时间推移，在20世纪五六十年代出生的人骨头里的锶也逐渐减少，因为人体骨骼在新陈代谢的自然过程中会除去锶。到了20世纪90年代，在"婴儿潮世代"[6]出生的人和"90后"新生儿骨头里的锶含量已经差不多了。

然而，牙齿要比骨头更紧密也更稳定，它的自然更新速度远远不能和骨头相比。20世纪60年代早期长出恒牙的那些人，很可能直到今天体内的锶-90含量还稍高一点儿。

就像核试验会让大气层充满放射性微尘，燃烧含铅汽油也会让大气层沾染铅。这导致了20世纪中叶铅中毒流行起来，又在1972年达到顶峰。20世纪70年代末，儿童血铅浓度的中位数大约是15微克/分升，在70年代早期可能更高。许多地方的孩子血铅浓度超过了20微克/分升，我们现在知道，这个浓度足以导致发育中的大脑出现明显的损伤。根据研究显示，牙釉质里的铅不会被代谢掉，所以在"婴儿潮世代"和"X世代"[7]出生的人，其恒牙里的铅含量可能也偏高。这些微量的锶和铅太少了，不会真的威胁健康，但是我们的身体还是携带着它们作为纪念。

20世纪中期的大部分污染物都从环境中消失了。碘-131这样的原子会在头几个月里释放出大量辐射，但是很快就衰变了。寿命较长的碳-14会被正常的碳循环移除，如今碳-14几乎回到了"天然"水平[8]。锶-90的半衰期大约是30年，另一个重要污染源——铯-137差不多也是如此。在本书出版时，20世纪60年代核试验产生的锶-90和铯-137大约还剩下四分之一。

但就算放射性同位素离开自然环境，缓慢衰变成惰性更强的形态，它们留下的痕迹还在我们身上。没有人知道多少人死于核试验引发的癌症，低估可能有几

[6] 指在"二战"后1946年至1964年出生的美国人。——编者注
[7] 出自加拿大作家道格拉斯·柯普兰的小说《X世代：速成文化的故事》，他将20世纪50年代后期至60年代之间的世代定义为"X世代"。——编者注
[8] 燃烧化石燃料会向大气层释放碳-12和碳-13，这其实会减少碳-14，但难以抵消核试验带来的影响。

千人，高估有几十万人。这些试验带来的安静而隐蔽的死亡，很可能比广岛、长崎遭核爆而死的人数更多。我们在"二战"结束后这段短暂的历史时期里所做的选择，留下了会伴随我们很久很久的遗产。

所以，要想知道你是"90后"还是"50后"，那就看看你的牙齿吧。

24　如何赢得选举

这是选举，不是比谁更受欢迎。

选举的字面意思就是比谁更受欢迎。

要想赢得一场选举，你得说服很多人在选票上选择你的名字。一般来说，有两种办法可供你选择：

■说服很多选民支持你

■忽悠他们误选你的名字

第一种办法通常需要具备以下多项条件：魅力、气场、能力、令人信服的理念，以及让选民明确意识到哪种选择更具前景。这些都需要花很大功夫，我们不妨先考虑第二种办法。

忽悠选民误选你的名字

这个选举策略历年来一直很受欢迎，虽然结果好坏参半。

2016年，一名加拿大安大略省康山的男子花了137加元，合法地把他的名字改成了"均不选·Z以上"，并参与了一场省级竞选。他打算在选票上把自己的名字改成"Z以上·均不选"，首字母Z能让他的名字位于姓氏字母列表的底部，选民会把他的名字误认成"以上均不选"的选项。很不幸，虽然选票上的名字是按照姓氏首字母排序的，印刷的时候却是先印名字再印姓，所以他是以"均不选·Z以上"之名登上选票的。"Z以上"先生还是未能当选。

如果你竞选的是本地一个小职位，那么可能很大一部分选民都不知道你是谁。如果这一年遇上了一场大型选举，吸引了很多选民来投票，就更是如此了[1]。这时候，许多选民恐怕只能根据你的名字来做选择。

有些时候，这会制造混淆，并创造机会。2018年，堪萨斯州议员罗恩·埃斯蒂斯想要连任，但在共和党党内初选时与一位政治新秀狭路相逢，此人的名字也叫罗恩·埃斯蒂斯。

第二个罗恩在选票上被标记为罗恩·M.埃斯蒂斯。现任罗恩修改了他的竞选标志，把他写成了"议员罗恩·埃斯蒂斯"，并发布广告，告知选民那个"M"代表"误导"（Misleading）。另一个罗恩立刻反击，他告诉选民"M"代表"美国"（Merica）。

最终，这个在名字上玩的花招没有见效。初选时，罗恩2号被罗恩1号轻松击败。

---

[1] 如果人们都给一位振奋人心的总统候选人投票，那么这些人恐怕对选票上的其他候选人并不熟悉，至少不如那些更有公民精神、会在中期选举投票的人。

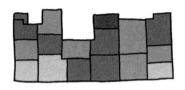

但是这一招偶尔也能成功，你可以去问问鲍勃·凯西。

从20世纪60年代到21世纪，宾夕法尼亚州的选民曾在州内或者联邦选举里给5个不同的叫鲍勃·凯西的人投过票。不太清楚这些选民是不是每次投的都是他们想投的那个人。

以下是该州鲍勃·凯西们（还是应该叫"鲍勃们·凯西"？）的快速总结：

■鲍勃·凯西1号：斯克兰顿的律师

■鲍勃·凯西2号：坎布里亚郡的契约记录员

■鲍勃·凯西3号：公关顾问

■鲍勃·凯西4号：学校老师兼冰淇淋小贩

■鲍勃·凯西5号：鲍勃·凯西1号的儿子

鲍勃·凯西1号（律师）　鲍勃·凯西2号（郡公务员）　鲍勃·凯西3号（公关顾问）　鲍勃·凯西4号（冰淇淋小贩）　鲍勃·凯西5号（鲍勃·凯西1号的儿子）

　　从20世纪60年代起，鲍勃·凯西1号多次就任州官员，很快成为州内政界新星。1976年，宾夕法尼亚州举行了财政部长选举。鲍勃·凯西1号当时是该州审计长，正打算在1978年竞选州长，所以他决定不参加财政部长的竞选……但是鲍勃·凯西2号，坎布里亚郡公务员，却决定参选。

　　同年，鲍勃·凯西3号在该州第18选区竞选州议员。他的对手抱怨，他只是在利用鲍勃·凯西1号的人气。鲍勃·凯西3号反击道，是鲍勃·凯西2号在利用他和鲍勃·凯西1号共同的人气，自己和1号才是真正的"凯西们"。鲍勃·凯西3号最终赢得了共和党的党内提名，但是在大选里输给了民主党。

　　至于鲍勃·凯西2号，虽然几乎没有进行竞选宣传，但还是赢得了初选，击败了凯瑟林·诺尔（党内支持的候选人）以及其他几个竞选者。诺尔在竞选宣传上花了103 448美元，凯西则花了865美元。

　　接下来，凯西赢得了大选，担任了4年的财政部长。共和党展开了宣传攻势，告知公众这个"鲍勃·凯西"不是他们以为的那个人，他们提名的候选人巴德·德怀尔在1980年击败了凯西2号[2]。

　　1978年，在鲍勃·凯西2号担任财政部长期间，鲍勃·凯西1号开始竞选州长。不幸的是，就在这一年，鲍勃·凯西4号亮相了，他是一名匹兹堡的教师兼冰淇淋小贩。鲍勃·凯西1号竞选州长，但鲍勃·凯西4号在同一场初选里竞选副州长。选民可能认为鲍勃·凯西1号在同时竞选这两个职位[3]，于是提名了鲍勃·凯西4号为副州长，但是选择了彼得·弗莱厄蒂而不是鲍勃·凯西1号作为州长。最终，弗莱厄蒂与凯西4号的组合输掉了大选。

　　1986年，鲍勃·凯西1号再次竞选州长，自我标榜为"真正的鲍勃·凯西"，终于获胜[4]。他担任了8年州长，最终于1994年卸任。两年后，鲍勃·凯西5号——也就是1号的儿子小鲍勃·凯西竞选州审计员并获胜。他后来也担任了州财

---

[2]　凯瑟林·诺尔最终还是在1988年赢得了财政部长一职，后来又担任了副州长。

[3]　也可能是他们以为州财政部长——鲍勃·凯西2号任期到一半决定竞选州长。

[4]　他的获胜有赖于竞选战略家詹姆斯·卡尔维尔，此人后来帮助比尔·克林顿成功当选总统。

政部长，又当选了参议员，并在2018年成功连任。

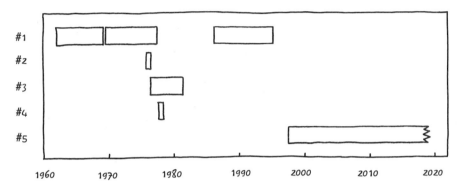

所以，如果你想参加竞选，可以把名字改成鲍勃·凯西。不试试怎么知道能不能行呢！

说服很多选民支持你

赢得选举很难。现实是，人类心思复杂，数量又多，没人能百分之百地确定自己为什么要这样做，接下来又要做什么。

但是如果你的目标仅仅是赢得选举，那么这里有一条通用原则：你应该支持选民喜欢的东西，反对选民讨厌的东西。为此，你得搞明白选民喜欢什么，不喜欢什么。

要想弄明白公众在想什么，最常用的途径之一就是民意调查，也就是和一大群人谈谈，询问他们的想法，然后统计结果。

有个网站开展过一次活动，让职业演讲者起草一份讲稿，不干别的，只是尽一切可能地迎合选民，只说那些选民最支持的言论，要么迎合一党，要么迎合整个选民群体。

但是我们到底在什么问题上意见最一致呢？如果你的目标就是支持受欢迎的东西，反对不受欢迎的东西，那你的竞选口号应该是什么？美国最没有争议的话题是什么？

为了搞明白这些问题，我联系了凯瑟琳·韦尔登，她是康奈尔大学罗珀公众意见研究中心的数据处理与沟通主任，并委托他们做民意调查。罗珀中心维护着一个巨大的民意调查数据库，包括70多万个问卷问题，跨越了将近一个世纪。几乎每个曾经在美国搞过民意调查的组织，都有数据被收集在这里。

我告诉他们，我在寻找问卷数据库里最一边倒的问题，也就是几乎所有人都给出相同回答的问题。可以说，这些就是全美最没有争议的话题之一。

罗珀中心的研究人员筛选了包含70多万个问题的数据库，并做成一个列表，其中的问题至少有95%的回答者给出了同样的答案。

在问卷里，有这么多人在某一个问题上意见一致是相当罕见的。常常有一小部分回答者选择了荒谬的答案，因为他们没把调查当成正经事，或者是因为他们误解了问题。但是一边倒的问题之所以罕见还有一个原因，那就是没人会在毫无争议的话题上费心思搞调研，除非他们是要证明某个观点。罗珀数据库里的一切内容都是某个人或者某个组织用心展开的民意调查，这就意味着这些问题即使不是真的有争议，至少也有潜在的争议。

以下是问卷调查史上最一边倒的话题精选。如果你想竞选某个职位，这些都是你可以放心支持的观点，至少有一项科学调查证明了人民是站在你这边的。

受欢迎的观点

基于真实数据（具体出处见括号内标注）

95%	不赞成人们在电影院使用手机。（*Pew Research Center's American Trends Panel poll, 2014*）
97%	应该立法禁止一边开车一边发短信。（*The New York Times / CBS News Poll, 2009*）
96%	对小型企业印象不错。（*Gallup Poll, 2016*）
95%	雇主未经允许不能获取雇员的 DNA。（*Time / CNN / Yankelovich Partners Poll, 1998*）
95%	支持立法禁止涉及恐怖主义的洗钱行为。（*ABC News / Washington Post Poll, 2001*）
95%	医生应该有执照。（*Private Initiatives & Public Values, 1981*）
95%	如果美国遭到入侵，支持开战。（*Harris Survey, 1971*）
96%	反对冰毒合法化。（*CNN / ORC International Poll, 2014*）
95%	对自己的朋友很满意。（*Associated Press / Media General Poll, 1984*）
95%	"如果有一种药能让你比现在漂亮两倍，但只有现在一半聪明"，他们不会吃这个药。（*Men's Health Work Survey, 2000*）
98%	救生员应该关注游泳者，而不是看书或者打电话。（*American Red Cross Water Safety Poll, 2013*）
99%	雇员不应该从工作场所偷窃贵重设备。（*Wall Street Journal / NBC News Poll, 1995*）
95%	花钱雇人写期末论文是不对的。（*Wall Street Journal / NBC News Poll, 1995*）
98%	希望世界上的饥荒减少。（*Harris Survey, 1983*）
97%	希望恐怖主义和暴力减少。（*Harris Survey, 1983*）
98%	希望高失业率降低。（*Harris Survey, 1982*）
97%	希望一切战争结束。（*Harris Survey, 1981*）
95%	希望偏见减少。（*Harris Survey, 1977*）
95%	不相信魔法 8 号球能预测未来。（*Shell Poll, 1998*）
96%	奥林匹克是伟大的体育赛事。（*Atlanta Journal Constitution Poll, 1996*）

你可以基于这个列表策划竞选的宣传方案。比如，你可以坚决反对饥荒、战争和恐怖主义，支持友谊和小型企业，反对司机开车时发短信。你可以支持立法，以确保医生都有合法执照，并坚决不容忍他国入侵。

　　另外，如果你想以最惨烈的方式输掉一场选举，那么将这个列表作为蓝图会更有用。只要你在每个问题上都持相反的立场，就有可能掀起政治史上最不受欢迎的竞选活动。你大概会输掉，但是在一个提名了5个不同的鲍勃·凯西的世界里，不试试怎么知道能不能行呢！

投我一票，就是投高失业率、战争、工作场所盗窃、开车发短信一票。我相信，每个公民的声音都应该在这个国家的每一座电影院里响起。如果当选，我将让奥运会永远不再举办。

我组建的政府将会对小型企业加税，然后用这些钱在全国每一个救生员的椅子上安装一台游戏机。我们会生产和销售冰毒，有了这些收入，就让每一个无执照行医的人少交点儿税。我们会从事洗钱活动，但只用于支持恐怖主义。每一个决策都由魔法8号球做出。如果我们的国家被入侵，我就立刻举白旗投降。

如果你热爱饥荒，就投我一票。如果你憎恨朋友，就投我一票。如果你们选我，我保证你们每一个人都会变得比现在好看两倍，并且只有现在一半聪明。

25　如何装饰一棵树

大约四分之三的美国家庭在过圣诞节的时候会装饰圣诞树。

到2014年，其中三分之二的家庭会使用人造树，三分之一的家庭则使用真树。这些真树绝大部分是从圣诞树农场买来的，但传统的办法（至少20世纪中期的圣诞电影里是这么讲的）很简单：直接走到林子里，找一棵合适的树砍下来。

你的附近不一定有林子，这要看你住在哪里。森林在全世界的分布不太规律。世界上大部分森林都集中在赤道和靠近极地的区域。赤道森林和极地森林之间被南北纬30度的两条沙漠带隔开[1]。如果你住在北纬30度或者南纬30度，又看不见什么森林，可以试试往极地或者赤道方向走几千千米。

一旦你找到了森林，在理想情况下，最好也获得了地主的许可，你的下一项挑战就是选择一棵圣诞树。

但是，要小心你砍倒的是哪一棵。

1964年，北卡罗来纳大学的研究生唐纳德·卡雷正在研究内华达的冰川历史。

---

[1]　也有例外。美国靠墨西哥湾海岸的地区虽然位于沙漠的纬度上，但依然森林密布，因为墨西哥湾带来了温暖、潮湿的空气，这也是这片区域龙卷风那么多的原因。

10年前，另一个科学家埃德蒙·舒尔曼在这附近发现了一些非常古老的树。舒尔曼研究过的一些狐尾松大约有3 000到5 000岁，比当时任何已知的树木都老。

舒尔曼发现的古树位于加利福尼亚州的怀特山。卡雷在内华达的边界线上也发现了狐尾松，并推测它们的年龄相仿。他开始对树进行采样，认为树龄能揭示他所研究的冰川历史。如果这片地区当时在冷却，冰川扩张了，这些树会撤退到山里，那么树林里靠近上坡边缘的松树应该相对年轻。于是，他准备采集一些松树样本，测定其树龄。

接下来到底发生了什么，各家说法不一。文学教授兼登山爱好者迈克尔·P. 科恩在1998年出版了一本关于大盆地的书，他从相关人士那里记录了这一事件的5个不同版本，每个版本都稍有一点儿差异。

但所有版本中的核心事实都是一致的：卡雷找到了一棵看起来特别老的树（他不知道的是，当地的博物学家已经称它为"普罗米修斯"），并在林业局的许可下把它砍倒，以测定它的准确树龄。在数过树干上的年轮之后，卡雷确定这棵狐尾松至少有4 844岁，这使它成为当时世界上已知的最古老的树。

卡雷的研究结果发表之后，引起了公愤，参与该项目的所有人只好把接下来的几十年都用来解释他们为什么杀死了地球上最老的树。

听我说，当时这棵树在和我进行激烈搏斗，要么它死，要么我亡！

历史的教训铭心刻骨：在砍倒一棵树之前，你最好确认一下它是不是世界上最老的那棵，不然人们会超生气的。

自从普罗米修斯倒下以来，最古老的测定过的树就成了另一棵狐尾松，名叫玛土撒拉。截至2019年，玛土撒拉至少有4 851岁了，这就意味着它刚刚打破了普罗米修斯的长寿纪录。

这些树龄是通过树芯样本确定的，所以只是树的实际年龄的下限，因为树最年轻的部分可能不会出现在树芯里。亚利桑那大学的研究者得到了一部分普罗米修斯的树干，认定这棵树被砍倒的时候，几乎刚好有5 000岁。这说明它……萌生？孕育？发芽？长芽？……的时间大约是公元前3037年，比玛土撒拉还早上几十年。这棵狐尾松刚发芽的时候，地球另一端的人类正在苏美尔发明最早的书写系统[2]。

社区林业显然想要避免第二次"普罗米修斯事件"发生。玛土撒拉倒不是完全处于24小时武装守卫之下，但它的具体身份和确切位置都是保密的，为了保护它免遭纪念品猎人（也可能是模仿犯）的残害。

其中有一棵树加入了证人保护项目，但我们没法知道是哪一棵。

这些狐尾松当然是独一无二的，但事实是拿它们来做圣诞树会十分糟糕。你可能认为，年纪最大的树肯定生长在最健康、条件最好的环境里。但令人惊讶的是，事实恰好相反，最老的树通常都长在最糟糕的环境里。当一棵狐尾松身处特别恶劣的环境，不断遭遇寒冷、高温、大风和盐害，它会放慢生长发育的速度，从而延长寿命。它们的样子十分不起眼，最老的树看起来就像死了一样，仅一侧

---

[2] 树轮学家汤姆·哈兰测定过的另一棵树，其树龄可能要比玛土撒拉和普罗米修斯都大一点儿。但是，这棵树的年龄纪录是有争议的，落基山树木年轮研究所未能得到树芯加以验证。

有一条细窄的树皮延伸上去，支撑着几根奄奄一息的枝条。这些古树并非不朽，它们只是学会了如何慢慢死去。

如果世界上最老的树很不适合做圣诞树，那世界上最高的树呢？

美国的城镇有时会号称自己拥有世界上最高的圣诞树。根据《吉尼斯世界纪录大全》中的记载，这一称号目前属于一株67米高的道格拉斯冷杉，它于1950年在西雅图的一个购物中心耸立起来。当然，就像所有看似无关紧要的纪录一样，你深入调查一下就会发现此事引发的激烈争论。2013年，《洛杉矶时报》发表了一篇关于大号圣诞树的文章，文中的圣诞树农场主约翰·伊根指责西雅图的纪录造假。伊根宣称西雅图纪录保持者不是一棵真的树，而是由好几棵树头尾相接造出来的。伊根说，真正的纪录保持者应该是他自己的公司在2007年建造的一棵41米高的树。

不管真正的纪录保持者是谁，伊根指出这个纪录很容易被打破。只要有人砍倒一棵更高的树就行，而比这两个竞争者都高的树还有很多。

只有一件事能让北门商厦和伊根
英亩林场不计前嫌握手言和：

他们必须团结起来，一致对外。

世界上已知最高的树是一棵海岸红杉，名叫"海伯利安"。它在2006年被发现，差一点儿就有116米高了（他们是怎么测量这棵树的？你可能以为这涉及GPS、激光什么的。你错了，研究者只是爬到树顶，然后将一根皮尺吊下去），狐尾松并非唯一一棵加入证人保护计划的纪录持有者，为了免遭伤害，海伯利安的确切地点也是保密的，如果这么高的东西也能保密的话。

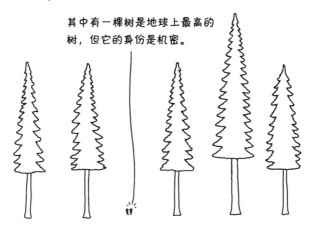

其中有一棵树是地球上最高的树，但它的身份是机密。

但是也有很多树的高度跟它差不多。在 2006 年海伯利安的测量结果揭晓之前，世界纪录保持者是 113 米高的"同温层巨人"，这也是一棵北加利福尼亚州海岸红杉。

海伯利安附近还有好几棵树都跟它差不多高，均超过了 110 米，随便哪棵当圣诞树都挺好的。毕竟，谁会因为你砍倒了世界上第二高的树而生气呢？

原来世界上第二大的钻石真的很容易偷到手。

展示一棵树

你应该把树放在哪里呢？房子里面大概是装不下的。实际上，根本没有几幢建筑物能装得下。

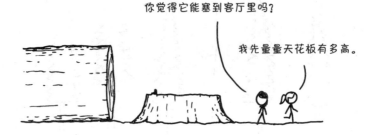

美国国会大楼圆顶（55米）和最高的体育场穹顶（约80米）都太矮了，装不下海岸红杉圣诞树。就算是最大的教堂长厅，中殿高40米至50米，也是不够的。与海伯利安相似的树勉强可以塞进梵蒂冈的圣彼得大教堂圆顶下面，前提是你要让树顶戳进圆顶最高处灯笼形的采光亭里。

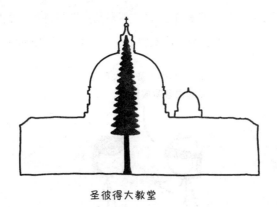

圣彼得大教堂

在德国，柏林东南部有座城市叫哈尔贝，这里曾有一个飞艇机库，现在被改装成了热带主题公园。其中有上百米长的沙滩、一片热带雨林区，以及一座水上公园。遗憾的是，公园天花板离装下最高的红杉只差了几米。你依然可以在这里立起一棵树，但要先把地板撬开。

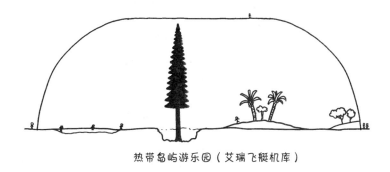

热带岛屿游乐园（艾瑞飞艇机库）

是有几幢建筑物的屋子大到足够装下海岸红杉圣诞树。科特迪瓦首都亚穆苏克罗的和平圣母大殿也许就是其中之一。好几座摩天大楼的中庭应该也可以，包括迪拜的阿拉伯塔（180米）和北京的丽泽SOHO（190米）。

就算大楼的业主同意展示你的圣诞树，把树运进去也会很困难，因为这些建筑的中庭并没有那么大的门。

好的，我们只需要等旋转门转到合适的位置。准备好了吗？

也许展示巨大圣诞树的理想建筑要去美国东南部找，它就在佛罗里达的东海岸。

NASA 在卡纳维拉尔角建起了航天器组装大楼，是准备发射"阿波罗"火箭及航天飞机的地方。论体积，它是世界上最大的建筑物之一，天花板的高度也足以装下你的圣诞树。最重要的是，树可以被运进去，因为这幢楼有世界上最高的门。

抵达那里最简单的办法大概是乘船。幸运的是，巴拿马运河足够大，一艘船就算平放着一株完整的 110 米红杉，也可以通过。

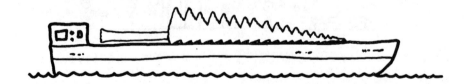

航天器组装大楼之所以能完美贴合我们的树，原因很简单：设计它是为了放巨大的"土星五号"火箭，也就是那支搭载阿波罗宇航员去月球的火箭，而它几乎和世界上最高的树一样大。

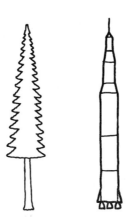

装满燃料的"土星五号"要比与海伯利安尺寸相似的树重得多。火箭的引擎足以把火箭自身抬起来，所以如果你把引擎安在树上，也能把树抬起来。

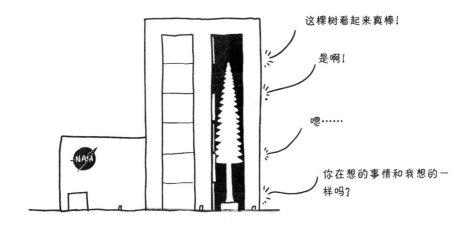

将一对助推器绑在树的两侧，就能产生足以把树送上天的推力。

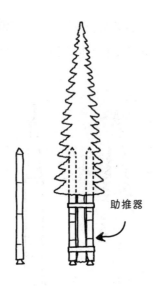

助推器

　　树本身需要一些额外的支持。首先，树会面临极大的垂直加速度。红杉作为世界上最高的树，即使在最好的情况下，也要努力抵抗重力的影响。火箭发射让树额外承受了几个G的加速度，会让树受到的表观重力变成两三倍，这将导致树变弯。

　　如果是拉着树而非推着树，就能让它的任务不再那么艰巨。木头和很多别的材料一样，拉伸的时候比压缩的时候更强韧。如果你把助推器装在树干中间，那么下半部分的木头会被拉伸，因为它挂在火箭下面，只有上半部分的木头会被压缩。沿着树添加支撑物，就能维持它的稳定，以免它被崩坏。

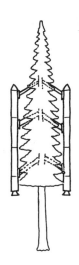

火箭为树提供的速度不足以让它停留在地球轨道上，但你可以把它发射到一条亚轨道上，飞过所有那些号称自己有最大圣诞树的城镇。

而且，会有真正的星星来装扮你的圣诞树。

如何修建高速公路

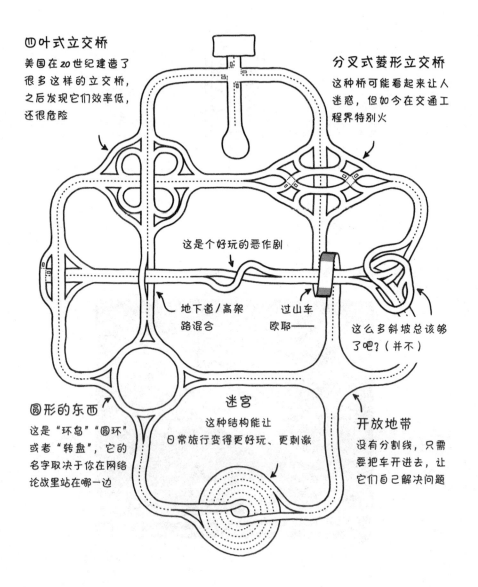

四叶式立交桥

美国在20世纪建造了很多这样的立交桥，之后发现它们效率低，还很危险

分叉式菱形立交桥

这种桥可能看起来让人迷惑，但如今在交通工程界特别火

这是个好玩的恶作剧

地下道/高架路混合

过山车欧耶——

这么多斜坡总该够了吧？（并不）

圆形的东西

这是"环岛""圆环"或者"转盘"，它的名字取决于你在网络论战里站在哪一边

迷宫

这种结构能让日常旅行变得更好玩、更刺激

开放地带

没有分割线，只需要把车开进去，让它们自己解决问题

26　如何快速抵达某地

在世间行走，有时候复杂得不可思议。

> 导航上说，我要以一系列协调一致的特定方式来移动身体，才能向前走。

　　具体情况会取决于你在哪里、你要到哪里去，你可能几乎沿着直线走就能很快到达目的地，也可能是慢慢走，绕一个大圈子。旅行时需要解决各种各样的问题：如何从门里穿过去最简单，复杂的状况则包括如何通过机场安检、如何驾车通过拥堵路段或者如何规划火箭引擎点火以完成轨道转移。

　　但不管怎样，要赶往目的地，你都得提高自己的速度。加速度划定了你能多快抵达目的地的基本上限。

　　比方说，在完全理想的情况下，你要在A点（就当是你家院子）和B点（就当是医生门诊）之间行进。没有障碍物、没有门、没有停车标志，只有燃料用不完的神奇滑板车，那么，从A点到B点，你到底能多快呢？

A 点

B 点

地球上的一切东西都被 $9.8m/s^2$ 的重力向下牵引着，$9.8m/s^2$ 也被称为 1G。当你驱车向前加速时，重力依然在往下拉你，所以你感受到的总加速度是二者的合力，即车辆的水平推动和重力的向下牵引。

对于很小的车辆加速度而言，你感受到的总加速度差不多是 1G。如果车辆加速了 0.1G，那么你感受到的总加速度只有 1.005G。但如果你在水平方向加速了 1G，那么你感受的总加速度就是 1.41G，就像是你身体的每个部分突然都比原来重了 41%。

人类使用的交通工具，不管是腿、电梯，还是汽车、飞机，其水平方向上的加速度一般都小于 1G，这有好几个原因。其中一个重要原因是，人类在演化过程中体验的加速度都是 1G，而花费很多时间超过这个加速度会让我们感到不舒服。另一个原因是，载具往往靠推动地面来加速，如果水平方向上的推力超过了向下的重力，轮子可能会打滑[1]。

---

[1] 高速赛车能以 1G 加速，它们需要依靠专业的高抓地力轮胎。

按照动作电影里的规矩，这些烟和噪声
意味着我马上就要大幅加速了。

好吧，但是已经过去好几分钟了。

刺啦——

假定你的神奇滑板车加速度有限，不能超过1G。真正的载具偶尔能加速得更快，但通常来说，这只限于特殊载具，比如火箭和过山车，而它们的加速度也只能维持在短时间内。如果我们考虑的是普通大众能够使用的交通载具，那么1G的滑板车就可以作为很好的模型，来看看在勉强维持舒适和安全的前提下最快能达到什么程度。战斗机飞行员也许能抗住弹射座椅的突然加速而只是轻微受伤，但你一定不希望让它成为通勤日常。

你跳上滑板车，看了一下表。诊所在 500 米之外，你预约的时间还剩 10 秒钟。能及时赶到吗？你一踩油门，开始向诊所加速前进。

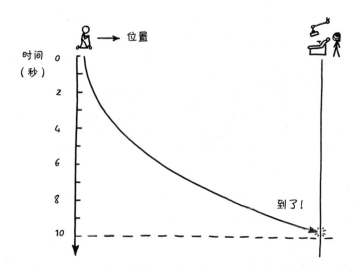

好消息是，你不会迟到，还能提前好几毫秒。坏消息是，在你抵达的时候，你的时速会超过 320 千米。

我有病吗？好的，谢谢，再见！

除非你的医生不介意这么短暂的拜访，不然你就得在接近诊所的时候开始减速，这就要额外占用你的总行程时间。减速过程也是有上限的。停下来通常比开动更容易，对于几乎所有的陆地载具，不管是滑板车、汽车还是滑行的飞机，刹车都比油门更强大。但是如果停得太突然，这给乘客带来的麻烦与加速太快是一样的。

如果你的前半程以1G加速，后半程以1G减速，那么抵达目的地差不多需要15秒。如果出发前只预留了10秒，你就没法及时赶到。

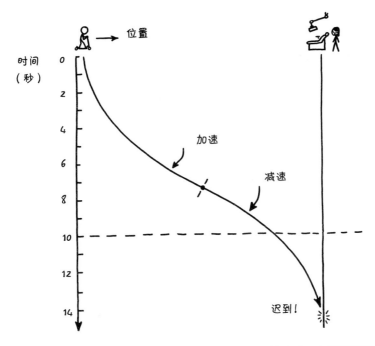

我们的神奇滑板车所面临的限制，也适用于其他运输方式，不管是移动步道、高速列车，还是未来的真空管道运输机，因为这是人体的生物学特征。永远不会有任何运输系统能在水平加速不超过1G的前提下，把人在10秒之内从某个固定位置运输到500米之外的目的地。

基本运输半径

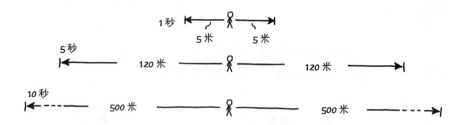

如果约定地点更远怎么办？你的滑板车能快到什么程度？

在1G的连续加速下，速度增加得很快。如果你以1G加速度行进1分钟（30秒加速，30秒减速），那么你的行程会接近9千米。你会在中途达到最高速度，这个速度接近声速。

真正的火车并不会逼近超声速行驶，但这不是因为某些内在的物理限制。轨道上的平台很容易通过电磁驱动或者火箭加速而达到极高的速度。比如，新墨西哥州霍洛曼空军基地的有轨火箭橇可以达到8马赫的高速，也就是8倍的声速，这比所有喷气式飞机都快。要达到这么快的速度，火箭橇的加速度远远超过1G，但即便如此，测试轨道还是长达16千米。

等到速度接近声速时，空气阻力就会变成无法回避的问题：一辆载具要是耗费这么多能量去一路推开空气的话，效率就很难提高。这就是为什么最快的载具一般都运行在空气稀薄的高空，或者是真空管道里。你的神奇滑板车可以无限加速，就不会面临这些问题了，但它最好有结实的挡风玻璃（你可能也得因为音爆而向附近的人道歉）。

在5分钟内，1G的滑板车能带你行驶220千米，速度超过4马赫。保持10分钟，你就能旅行804千米，速度达到8马赫。只需48分钟，你就能环绕半个地球[2]。这就是环游世界的基本限制。如果你想造一个让人在48分钟之内抵达世界上任何角落的系统，它必须以超过1G的速度加速（或者钻个洞穿过地球）。

1G加速度的太空旅行

这些基本的加速限制适用于地面载具，也同样适用于太空飞船。如果你改装一下神奇滑板车，让它离开大气层并穿越太空，但依然以1G加速和减速，那么它带你去月球需要近4个小时。

4小时赶往月球之旅告诉我们一些关于未来的趣事。就算世界上有了太空电梯和廉价太空旅行，大量生活在地球上的人类可能也不会仅仅因为加速而每天去月球上班，反之亦然。单程4小时可是相当长的通勤时间。

---

[2] 你的实际旅行时间算起来会有些复杂，因为在这个速度上，地球的曲率就无法忽视了。当你走到半路时，速度会快到让你不再与地面接触，如果你试图抓住轨道（或者仕大化板上行驶），那么由此带来的离心加速度会超过你的极限。但是这个曲率也意味着，你在开始和结束阶段可以加速得更快一些，因为离心力抵消了一部分引力，让你在维持1.41G极限的前提下，可以留出更多余量来加速向前。

月球每日通勤

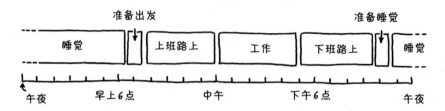

更遥远的目的地

依靠1G加速度的滑板车抵达任意内行星需要好几天，抵达木星需要一星期，抵达土星则需要9天。

抵达靠外的天王星和海王星大约需要两星期，而抵达更遥远的柯伊伯带可能需要几个月。

接下来的事情就变得奇怪了。

环游宇宙80年

目前，我们没有任何太空飞船技术能让一架载具长时间以1G加速。倒不是说物理学规定了它不可能，只是还没有人找到办法实现它。我们已知的一切能源都既不能小到可以装在火箭上，也不能强大到足以让火箭加速那么久。但是假如我们真的有一天找到了这样做的办法，那么整个宇宙都会向我们敞开怀抱，多亏了相对论带来的巨大进步。我们可以发现，如果你连续以1G加速度加速好几年，那么你几乎可以抵达宇宙中的任何地方。

1G的加速度，意味着你的速度每秒钟增加9.8米。1年后，简单的乘法运算表明，你将以3.09亿米/秒的速度旅行……也就是光速的103%。相对论指出，你的速度不能比光更快，所以我们知道这个结论肯定是不对的。你只能越来越接近光速，但永远不会真的达到它。可是，并没有任何宇宙警察会冒出来制止你加速，所以在你的身上到底会发生什么呢？

奇怪的是，从你的角度来看，当你的滑板车逼近光速的时候，什么都没有发生。你只是在持续加速。但是如果你抬头看看身边的宇宙，会注意到事情慢慢变得有点儿奇怪了。

随着你越来越快，滑板车上的时间流逝会逐渐变慢。在一个旁观者看来，你的滑板车飞奔而过，载着缓慢嘀嗒的钟表和缓慢思考的大脑。但在你看来，你抵达沿途地标所需的时间，好像比原本应花的时间更少，仿佛宇宙在沿着你行进的方向收缩。

对你而言，乘滑板车1年后，你会以大约3/4光速的速度前进。但是因为相对论，外部的世界已经过去1年零2个月了，而你的飞船会比你预想的飞得更远。

滑板车上的时间和外部世界的时间差距会越拉越大。在船上度过1.5年之后，你已经旅行了将近1.5光年，也就是同等时间里光能传播的距离。2年之后，你的旅途会超过2光年，就好像你飞得比光还快！

　　在船上度过几年之后，相对论的影响才真的开始加剧。当你度过3年后，飞船外已经过去了10多年，而你的旅程会接近10光年，足够拜访很多附近的恒星了。如果太空中也有里程标记来显示你穿行的距离，那么你会越来越快地抵达下一个标记，好像它们之间的距离越来越近，又像是你的速度远远超过光速。但是在旁观者看来，你还是比光速稍微慢一点儿，而船上的一切显然冻结在了时间里。

　　经过4年的滑板车旅行，你会飞过30光年，并以99.95%的光速前进。5年后，你离最初的起点已有80光年。10年后，你的旅程会变成15 000光年，距离到达银河系中心已经路程过半。如果你持续加速，那么不到20年，你就能抵达邻近的星系。

如果你20多年来连踩油门，就会发现你的载具每一"年"都能行进几十亿光年，带你飞过大部分可观测的宇宙。

地球

你

可观测宇宙的边缘 →

在这段时间里，你的家乡已经过去了几十亿年，所以你不用担心回家的问题。反正地球已经被太阳毁灭了。

我猜，我终于不用担心出门
前有没有关上炉子了。

但你永远也无法抵达最遥远的星系。宇宙在膨胀，因为暗能量的存在，膨胀似乎在加速。

以接近光速的速度旅行，可能会阻止你变老，但宇宙的其他部分依然会在你周围衰老。如果你以接近光速的速度旅行10亿光年，那么当你停下来的时候，宇宙也会变老10亿年。因为宇宙一边变老一边膨胀，你会发现就在你驶向目的地的时候，宇宙的膨胀也把目的地带得离你更远。

因为宇宙在加速膨胀，所以有些地方你不管走得多远也永远追不上。在目前的膨胀宇宙模型中，这一膨胀极限被称为"宇宙学事件视界"，大约是可观测宇宙边缘的三分之一。

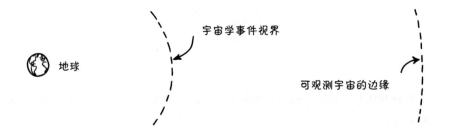

哈勃太空望远镜曾经聚焦在天空中看似空荡荡的位置，拍出的照片显示了遥远而黯淡的星海。照片中一些较大、较亮的星系位于我们的事件视界内，所以你靠滑板车就能抵达，但大部分星系都在这个界限之外。不管你以多快的加速度奔向它们，膨胀的宇宙都会把它们带到更远的地方。

　　如果你连踩油门，不停地追逐这些不可触及的星系，它们会变得越来越远，但你会越来越快地一头扎进未来。30年后，宇宙会变成10万亿岁，只有最小、最黯淡的长寿恒星能幸存下来。40年后，就连这些星星都会燃尽，而你将身处一个漆黑寒冷的宇宙。当死亡恒星那寒冷的"尸体"在飘浮时偶然撞到你，你才会断断续续地闪光。

　　不管你跑得有多快，你永远也无法抵达宇宙的边缘。但是，你可以到达终点。

27　如何准时抵达某地

要想早些抵达某个地方，有两种主要方式：快点赶路和早点出发。

选项

1.快点赶路

2.早点出发

要想知道怎样更快地旅行，你可以参考第26章——如何快速抵达某地。

早点出发就要更难一些，这需要你有责任心，并制订符合实际的计划。要是你想学习如何做好这些事，那就换一本书吧。

如果早点出发和快点赶路这两个选项都被排除，那么好像看起来没辙了。但其实你还有另外一个选项：改变时间流。

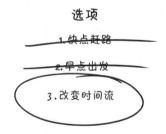

这第三个选项没有听起来那么不切实际。当爱因斯坦研究电磁波穿越空间的运动时，有件事让他很困惑：麦克斯韦方程组似乎意味着，相对于任何观测者，电磁波看起来永远不可能停驻。这组方程认为，你永远无法追上一束光，也永远不会看到它停滞在原地，不管你跑得多快，你测量出的每小时经过你的光速都是固定的。这让爱因斯坦意识到，关于"英里"和"小时"的概念一定出了问题，而他的理论解释了，不同的观测者感受到的时间流动是不同的，这取决于他们移动得有多快。

倒腾时间让爱因斯坦出了名，他不仅名留青史，还获得了诺贝尔奖[1]。所以，或许这么干也能让你准时抵达你要去的地方（不能的话，也许你能拿一个诺奖以作安慰）。

"改变时间流"不一定要涉及复杂的东西，最简单的办法就是让所有人都调一下他们的钟表。因为夏时制，已经有很多人每年都做两次这样的事了。毕竟，钟表时间是一种社会建构。如果你能让所有人都愿意把手表往回拨1小时，那么时间就会改变，可能多给你1小时来抵达目的地。

时区给人一种很正式、很永久的感觉，但它们其实比你想象的随便得多。设定时区界限不需要任何国际组织的审批。相反，每个国家自己有权设定自己的时钟，想怎么设就怎么设，想什么时候改就什么时候改。如果一个国家的政府某天

---

[1] 诺贝尔委员会给他颁奖，实际上不是奖励他那些时间空间的东西，部分原因是这些理论当时被认为是革命性的，还没有完全得到验证。幸运的是，他在1905年发表了4篇论文，随便哪一篇都值得获奖，所以委员会挑了一篇比较传统的论文颁了奖。

早晨决定把他们所有的时钟都往回拨5小时，没人能阻止他们。

　　当一个国家改变时间流还不提前充分预警，就会造成一些麻烦。2016年3月，阿塞拜疆内阁决定取消夏令时，此时距离夏令时预计的开始日只剩10天。软件公司不得不赶快更新进度，重新修订日程表。民航必须决定航班是应该按照机票上的时间准时出发还是要提前1小时。盖达尔·阿利耶夫国际机场干脆告知所有乘客提前3小时来机场等航班。

　　国家要改变钟表时间，通常会提前十几天通知民众，但也不是必须如此。原则上，如果你约会要迟到了，就可以联系政府，让他们把钟表拨慢。

哈喽，是政府吗？我是个开会马上要迟到的公民——
我应该找谁谈，才能挽回局势？

　　在美国，州立法机构可以决定要不要实施夏令时，但他们不能决定夏令时何时开始、何时结束。要想多争取1小时，你需要联系政府。

　　现在的联邦法律划分了9个标准时区，每个时区的时间都是相对于协调世界时而定的。协调世界时按照其法语首字母简写为UTC，是一个国际计时系统，由国际度量衡局定义。国会可以改变这条法律，但你不需要经过国会来调你的表。根据法律规定，交通部长有权单方面把一块领土从一个时区移到另一个时区。如果住在美国本土，那么你也许能把表往后多拨8个小时，只需要打电话给交通部，然后礼貌点儿询问他们。

哈啰，是交通部吗？我超喜欢你们的工作。我一直都很支持把东西从一个地方挪到另一个地方。

那个，我想请你们帮个忙。

但是部长不能创造新的时区。如果你想把时间修改成9个标准值之外的数字，那么必须通过国会。但是如果你能说服国会帮助你，那就可以设成任何时间。其实，从原则上讲，你想设成什么年月日都可以。你可以把你家、你住的城镇甚至整个国家都往未来调24小时……或者往过去调6 500万年。

春天向前，秋天向后老远。[2]

2010年，一个宗教电台主持哈罗德·坎平预测，世界末日会在2011年5月21

---

[2] 译注：Spring forward, fall back是美国夏时制的双关记忆口诀，本意是春天往前拨、秋天往后拨，但字面意思也是两个词组"向前跳、向后退"。

日当地时间下午6点整以"升天"的形式开启。因为末日的发生是取决于当地时间的，所以这就意味着末日会从正好位于国际日期变更线以西的太平洋岛国基里巴斯共和国开始，然后向西一个时区一个时区地扫过整个地球。

如果哪个国家想测试一下世界会不会在未来某一天终结，他们可以简单地通过一条法律，比如把他们的时钟设成3019年1月1日中午12点整，然后四处看看。如果什么都没有发生，他们就可以把表调回来，那么我们就知道接下来的1 000年是安全的——至少对发生于当地时间的世界末日来说是这样的。

如果你不能说服政府帮你改时间，或者你的会面时间是用协调世界时定的，那就没辙了。除非你能直接修改协调世界时，否则你就争取不到更多的时间赴约。

原子钟

协调世界时的基础是由许多准确的原子钟组成的网络。原子钟衡量时间流逝的办法，是用光精准地测量铯原子的振荡。但是因为爱因斯坦，我们知道时间的流逝并不是匀速的。在强引力场下，光，还有时间本身都会变慢。如果你在原子钟旁边放一个大的球形重物，额外的引力就会让钟走得更慢。

不幸的是，只搞定一台原子钟是没有用的。国际度量衡局把全世界几百台电子钟的测量值平均，得出一个统一的全球时间标准。如果你想人为地修改时间，那就要把这些钟全部调慢；如果你只调一台，他们很快就会发现异常。

假定你在背包里藏了一个直径30厘米的铅球，偷偷溜进世界上每一台原子钟设施，然后把铅球放在每台钟旁边。（你得有点儿力气，因为这个球有180千克重！）

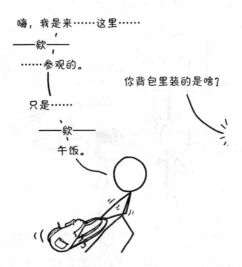

如果你成功地在每台原子钟的计时元件旁边都藏了这么一个铅球，只会让钟变慢10^{24}分之一——相当于在接下来的40亿年里变慢100纳秒。

直径200米的铅球只会更有效一点点，也就是每个世纪额外增加1纳秒左右。这么大的铅球既造不出来也挪不动，当然也很难藏起来。

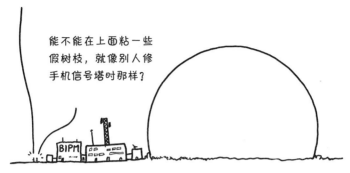

如果协调世界时以原子钟为基准，而你没法倒腾原子钟，那看起来你就没法倒腾协调世界时了。但是协调世界时不完全是基于原子钟的。它有一点不规律之处，你也许可以利用它获得多一点儿的时间来抵达会面地……或者，即使你准时出发，也可能导致你过早抵达。

改变一天的长度

我们的原子钟比地球的自转更精准，也更有规律。我们曾经用地球自转周期来定义1秒的长度，但是关于秒的定义如果随时间而变，对物理学、工程学以及所有其他计时领域而言都很不方便，所以在1967年，秒的长度被正式而永久地确定了，以便与原子钟对应。一天应该是24小时或者86 400秒，但是到了21世纪10年代末，地球平均需要86 400.001秒才能相对于太阳自转一圈。换句话说，地球慢了1毫秒。每天额外的1毫秒会逐渐累积起来。大约1 000天之后，一台完美的钟就会和太阳差开1秒。

眼下，一天可能只会慢几毫秒，但不会一直如此。因为月亮的存在，地球的自转速度正在放慢。

地球上离月亮近的部分会受到更大的月球引力，而离月亮远的部分受到的引力较小。随着地球自转，水（还有陆地，虽然程度较轻）会轻微晃动，以适应引力的变化，这就是我们看到的潮汐。地球自转的速度要比月球绕地球公转的速度快，所以流动的海洋和月球之间的引力，就在两个天体之间产生了十分微小的"阻力"。它一方面会把月球往前拉，将它甩到更宽的轨道上，另一方面则会让地球减速[3]。

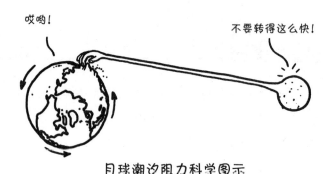

哎哟！

不要转得这么快！

月球潮汐阻力科学图示

闰秒

协调世界时没有时区，也没有夏令时，但它时不时就会调一下，非常轻微地调，从而和地球自转保持同步。这种调节是以闰秒的形式实现的。

闰秒是由国际地球自转和参考系服务（International Earth Rotation and Reference Systems Service）负责添加的，该组织仔细测量地球自转速度，并决定何时添入一个新的闰秒。闰秒会在每月最后一天的准点午夜之前被添加，通常在6月或者12月。闰秒会被塞到晚上11:59:59和次日00:00:00之间，用11:59:60

---

[3] 至少，它应该让地球减速。从较长的一段时间上看，地球的自转确实是稳步放慢的，但在最近这几十年里，地球的自转其实快了一点点。自1972年以来（巧合的是，这正好是我们开始添加闰秒的时候），地球完成一圈自转所需的时间其实变短了几毫秒。这可能是因为地球熔融外核里无法预测的湍流，但没人真的知道原因。这不算太奇怪。在过去几百年里，地球加速、减速了好几次，而且也不太可能延续很久。但仔细想想还是有一点点奇怪：地球正在加速，可没人知道为什么。

来代表。

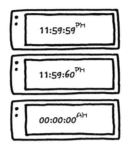

如果添加了1闰秒，那一天之后的所有计划都会往后推迟1秒。假如你的约会是在未来的一两个月或者更远，你也许可以说服国际地球自转和参考系服务添加闰秒，从而得到几秒额外的时间。

要想得到更多的闰秒，你得让地球减速得更快。

每当物体的质量从赤道向两极移动的时候，地球就会加速。赤道和两极之间的空气流动会让地球的速度上下波动，而在更长的时间里，因为气候周期、冰盖融化和冰期后反弹而导致的物体质量重新分布，都会分别产生影响。

这意味着，如果住在热带或温带地区，你走到一个极点就可以让地球加速，而从极地走回赤道，就能让地球变慢。

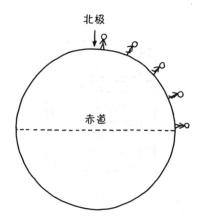

这个影响不会很大。一个人从极点走到赤道，会让一天的长度增加不到10 000 000 000 000 000 000 000分之一。花上100万年才能让这个偏差积攒到1纳秒。假如你想在接下来的一年里得到额外的1闰秒，就得把60万亿吨重的物体从两极挪到赤道。

就算你用黄金这种高密度物质，那也得超过3 000立方千米，足以堆一道1.6千米高、45米厚的墙环绕赤道。这肯定是不可能的……

除非……

除非你能在北极找到某个神迹，会源源不断地产出无限多贵重物品，并施展魔法以极高的效率把它们从极地运到全世界。

28　如何处理掉这本书

如果你读完了这本书，想把它处理掉，最简单的办法就是把它送给别人。

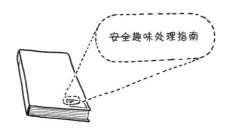

安全趣味处理指南

但也许你不想拿它送人。也许你在书页空白处写了不想让别人看到的笔记。也许你只是不喜欢这本书。也许你准备用书里的内容来搞什么超级反派计划，所以想要买断这本书然后销毁，这样就没有人能用这本书来打败你了[1]。

不管是什么原因，如果你真的打算永久性地处理掉这本书或者其他什么书，以下是几个小建议。

空气处理

在紧要关头，这本书可以同时充当能量来源。书页里包含了大约8兆焦的化学能，这些能量本来是叶子从阳光里收集的。

植物是空气做的。木头里的碳来自空气中的二氧化碳，碳通过光合作用和水结合在一起。这本书源自空气、水和阳光。如果书页被烧掉，里面的碳就会变回二氧化碳和水，并把捕获的阳光释放出来。当木头、石油或纸张燃烧的时候，火

---

[1]　如果你想买断这本书，那么请联系未读。——编者注

焰的热量就来自阳光的热量。

8兆焦差不多相当于250毫升汽油的能量。假如你的汽车在高速路上大约以时速90千米行驶，每百公里耗油8升，而你不烧汽油改烧这本书，那么你的车会每分钟烧掉大约80 000字，比正常的人类耗书率高几十倍。

$$90\text{千米/时} \times \frac{160\ 000\ \dfrac{\text{字}}{\text{书}}}{250\ \dfrac{\text{毫升}}{\text{书}}} \times \frac{8\text{升}}{100\text{千米}} \approx 80\ 000\text{字/分}$$

这台引擎有相当于200匹马的输出功率和几十个图书馆员的耗书率。

海洋处理法

书里的碳也能混合到水中。如果这本书被烧掉，它的碳和氢会分别变成二氧化碳和水。水蒸气会以雨滴的形态落下来，可能最终流到海里。通过燃烧释放到大气中的二氧化碳，其中也会有一半最终被海水吸收，形成几亿亿亿个碳酸分子。如果这些碳是在空气和海洋里均匀分布的，那么每一杯海水和人们每次呼吸的气体里，都有几千个分子来自这本书。

时间处理法

如果你把这本书放在地上转身走开，此后再也没别人碰它，会发生什么呢？

　　它可能坚持不了多久，这要看你所在地的气候。人不能吃纸，但是纤维素里储藏的能量，也就是你把它烧掉时释放出的能量，对于很多微生物而言都十分可口。这些生物需要温暖、潮湿的环境才能疯狂生长，所以室内书架上的书一般是安全的。如果你把书扔在凉爽干燥的洞穴里，或者沙漠里不被日晒的地方，它也许能待上几个世纪。但是一旦赶上暖和的天气又受了潮，其他生物，通常是真菌，就会开始吞噬纤维素。书页会被消化掉，最终融入自然界里。

　　如果一本书逃过了被降解，那么它的命运可能取决于所在地的地质条件。如果你把它留在一个不断沉积新物质的环境，比如低洼的冲积平原，它会被逐渐埋起来。如果这个环境不断侵蚀沉积物，比如岩石裸露的山坡，书几乎肯定会被分解成碎片，被风和水带走。每年岩石侵蚀的速率极其微小，假如这本书是用石头做的，大概需要几百年、几千年才会彻底消失。因为纸比石头软得多，所以一本书远远撑不到那时候。纸张会风化、分崩离析，上面的信息也会随之消失。

如何处理一本无法损坏的或者被诅咒的书

从技术上讲，你正在阅读的这本书可能是无法被损坏的。当然，这看起来不太可能，但不试试的话就没办法百分之百确定。世上是没有无损测试法的。

如果你拿到了一本书，想把它处理掉，但又无法摧毁它，也许是因为书页太结实了，也许是遇上了霍格沃茨图书馆/魔戒/勇敢者游戏里的情况，那么你该怎么办呢？如果你想永久性地处理掉一样东西，要把它放在哪里呢？

我们在对付核废料的时候就遇到了这个问题。我们想把它处理掉，但是没有任何办法能摧毁它或者把它转化成不那么危险的形态，因为焚烧和气化放射性废料都不会降低其放射性。热量足够的话，你可以摧毁任何东西，把它的分子打碎，分解成原子。但这样处理放射性废料没有任何用处，因为问题出在原子本身。

如果原子本身就是问题，我们能不能想个办法把它们打碎呢？

听好，我们一开始就是因为这么干才惹上这堆麻烦的。

因为无法摧毁放射性废料，我们通常会尽量把它们放在不会惹麻烦的地方。全都堆放在一起是合理的，论体积算，废料并没有那么多。所以，我们可以找个地方，把所有的废料扔在那里，然后尽可能永久地密封好，无限期监控这个地点，并在外面挂上警告标志以免后代又把它们挖出来[2]。

　　此刻，美国唯一一个长期的永久性地下废料处置地，是新墨西哥沙漠下约609米深的一组地下室。这组建筑被称为废料隔离试验工厂（WIPP），一直在接收美国一部分核废料。但是除非人们选定了一个新的永久处置地点，或者WIPP继续扩大，否则我们处理这个问题的方式还是如经常一样：努力不去想这个问题，等它自己消失。

废料隔离试验工厂

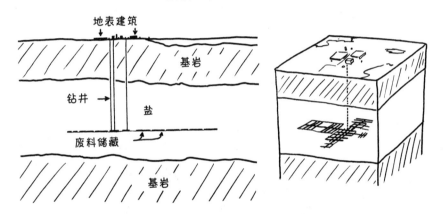

　　新墨西哥的WIPP隧道是在一层500米厚的远古岩盐层里面挖出来的。盐隧道特别适合处理废料，因为盐会非常缓慢地"流动"。如果你在盐层里挖一条隧道，然后弃之不管，隧道就会逐渐收缩，最后把自己封死。

---

[2]　20世纪90年代，一组专家被召集到一起来探讨这个问题：怎样才能创造出一套标志，包括各种语言标注、图表以及暗示不祥的雕塑，让后代清楚地知道不要把我们的核废料抠出来。整件事情是悲观和乐观的怪异组合，悲观之处在于我们创造出了如此危险的东西，不但对我们，甚至对未来的文明也会造成威胁；乐观之处是地球上还会有未来文明，在我们早已被遗忘之后，后代还可能读到并理解我们为他们留下的信息。

要想用WIPP的设施处理掉这本书，你可以在隧道侧面挖个小坑[3]，然后把书放在里面。几十年后，这个坑就会闭合，把书埋在盐里。

还有一种处理放射性废料的办法，其主张者认为，把废料扔进非常深的钻井里，会比WIPP这样的设施更便宜，也更安全。

WIPP设施大约有500米深，但石油开采和地质研究[4]的钻井要比它深得多。有些能深达地下10千米，并穿过地表的岩层，深入其下组成大陆核心的远古岩石——地质学家称之为"结晶基底"（crystalline basement）[5]。

---

[3] 参见第3章——如何挖一个坑。

[4] 主要是找石油。

[5] 如果你在我学到这个词组之前问我"crystalline basement"是什么意思，我会猜"马里奥赛车关卡""电子音乐流派""居家装修计划"以及"非法合成毒品"。

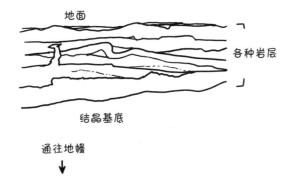

在世界上很多地方，结晶基底的石头已经与地表隔绝了几十亿年。要想在这里处理东西，我们可以往正下方打个长长的钻井，再把废料扔进去，用一层层的水泥和膨胀的黏土把洞口封死。

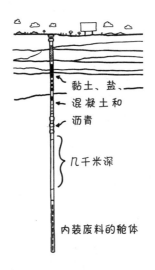

俯冲

海洋地壳时刻都在通过"俯冲作用"回归地幔，所以有时人们建议，把核废料放在海沟里，让地球代替我们处理掉它。不幸的是，俯冲非常缓慢。如果我们把废料埋在俯冲带1千米深的地方，等上10 000年……

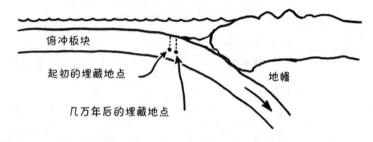

它会向一旁挪动大约300米。

射进太阳

人们经常提议，把我们的核废料射进太阳，让它们在里面解体，要么被太阳风带走，要么沉入太阳核心。最大的问题是，发射火箭有时候会失败。如果你送上去100支火箭，分别装满好几吨的放射性废料，那么很可能会有一支火箭发射失败——装进火箭里，在大气层高处炸开，恐怕再也没有比这更糟糕的核废料处理方式了。

但是，如果你只想要销毁一本被诅咒的或者无法被损坏的书，那么太阳倒是一个更有吸引力的处理地点。一本书只需要发射一次，就降低了失败的风险。而如果书本身坚不可摧，那么就算发射失败，把书找回来再试一次就好了。

往太阳里扔东西的小窍门：其实从地球上直接向太阳发射东西特别难，比把东西彻底扔出太阳系需要的燃料还多。抵达太阳更有效的方式，是把东西先发射到遥远的太阳系外部，也许可以借助行星的引力。等它远离太阳的时候，它的运动速度就会十分缓慢，一点点额外的燃料就能让它完全停止，之后它便会直接落向太阳。这么干所花的时间要比直接发射长得多，但是只需要很少燃料。

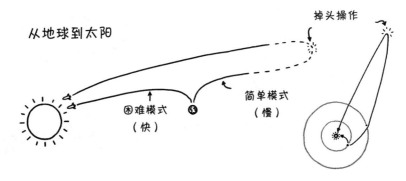

不过，也许你其实不想毁掉这本书。也许你想保存它。

如何保存这本书

把这本书留在钻井或者盐矿里，从理论上来说，能保存几百万甚至几十亿年，如果没有被板块活动、瞎搞的人类或者饥饿的微生物打扰的话。但是要想真正保存一本书，也许应该直接把它从地球上挪走。

欧洲空间局（ESA）的"罗塞塔号"航天器和"菲莱号"着陆器在2014年抵达了67P/丘留莫夫－格拉西缅科彗星。航天器里携带了一张镍钛合金光盘，上面刻着6 000页文字，用1 000种人类语言写成。这个光盘由长今基金会（Long Now Foundation）制造，就是为了使它万古长存。67P彗星很可能会在稳定的轨道上停留几百万年，所以如果光盘位于彗星表面有遮蔽的地方，免受微小陨石和宇宙射线的伤害，那么它应该可以长期保持完好，还能被正常阅读，这比最悠久的文明还久。

写下来的字就是给未来的信息。读到这些文字的人一定比写下文字的人处于更远的时间点。我不知道你读到这些字会是在什么时候，在哪个地方，以及是为了什么。但是不管你在哪里，不管你想解决什么问题，我希望这本书能帮上你的忙。这是个巨大而怪异的世界，听起来很好的点子可能会带来非常糟糕的结果，听起来荒谬的点子也许最终被证明是革命性的。有时候你会提前知道哪些点子管用，有时候你只能亲自试试，看看会发生什么。

（但你最好待在安全范围以内）

致谢

这本书是在许多人的帮助下完成的。

我借用了很多人的专业知识和资源。感谢塞雷娜·威廉姆斯和亚历克西斯·奥哈尼恩为了科学愿意牺牲一架无人机，以及凯特·达琳告诉我们这样做大概没问题。感谢克里斯·哈德菲尔德上校回答了我能想到的最荒谬的问题，以及凯蒂·麦克警告我不要让宇宙终结。还有，感谢克里斯托弗·奈特和尼克·默多克帮我处理公式和测量工作[6]。

感谢凯瑟琳·维尔登和罗珀中心的员工挖掘出了有趣的选票数据，也感谢《赫芬顿邮报》的调查编辑阿里尔·爱德华兹-李维回答了与民意调查相关的问题。感谢安娜·罗曼诺夫和大卫·艾伦提供了他们的本科项目，以及鲁本·托马斯博士分享了他对友谊的研究结果。感谢格雷格·利珀特帮忙编排了次声奏鸣曲，也感谢钻进沃尔多·雅奎斯家的蚂蚁，这让他向我求助如何修建熔岩护城河。

感谢克里斯汀娜·格利森把我的文字和图片做成了图书，并不断向我提供明智的、宝贵的建议。感谢德里克帮忙促成这件事情，感谢瑟斯·费什曼、丽贝卡·加德纳、威尔·罗伯特斯和格纳特版权代理公司的其他团队成员。

感谢我乐观的英雄编辑考特尼·扬，以及河源出版公司的其他团队成员，包括凯文·墨菲、海伦·延图斯、安妮·高特里、阿什利·加兰德、林美志、珍妮·马丁、梅丽莎·索利斯、凯特琳·诺南、盖布瑞尔·列文森、琳达·弗莱德纳、格雷斯·韩、克莱尔·瓦卡洛、泰勒·格兰特、玛丽·斯通、诺拉·爱丽丝·德米克、凯特·斯塔克，还有出版商杰夫·克洛斯科。

---

[6]　编者注：英制单位和国际单位的换算会造成公式推导结果产生细微误差，但这并不影响本书所展示的逻辑推理过程。

还要感谢我的妻子，这本书有一半内容都是她教给我的，并和我一起探索这个巨大、奇怪却令人兴奋的世界。

如何换灯泡